水资源管理多属性决策与风险分析理论方法及应用研究

王志良　邱　林　著

黄 河 水 利 出 版 社

图书在版编目(CIP)数据

水资源管理多属性决策与风险分析理论方法及应用研究/王志良,邱林著.—郑州:黄河水利出版社,2007.8

ISBN 978-7-80734-218-2

Ⅰ.水… Ⅱ.①王… ②邱… Ⅲ.①水资源管理-多目标决策-研究②水资源管理-风险分析 Ⅳ.TV213.4

中国版本图书馆 CIP 数据核字(2007)第 093031 号

组稿编辑:王路平 电话:0371-66022212 E-mail:wlp@yrcp.com

出 版 社:黄河水利出版社

地址:河南省郑州市金水路 11 号 邮政编码:450003

发行单位:黄河水利出版社

发行部电话:0371-66026940、66020550、66028024、66022620(传真)

E-mail:hhslcbs@126.com

承印单位:黄河水利委员会印刷厂

开本:850 mm×1 168 mm 1/32

印张:5.75

字数:144 千字 印数:1—1 500

版次:2007 年 8 月第 1 版 印次:2007 年 8 月第 1 次印刷

书号:ISBN 978-7-80734-218-2/TV·507 定价:15.00 元

前　言

本书是作者近几年对区域水资源多属性决策分析研究成果的总结，部分内容来源于作者参加国家科技部“十五”重大攻关课题“黑河流域水资源调配管理信息系统”的研究成果，部分内容来源于水利部重点攻关课题“绵阳市水资源优化配置研究”的研究成果。全书共分11章。

第1章绪论，阐述了选题背景及意义，综述了该领域国内外研究现状，简介了本书研究的主要内容。

基于可持续发展的内涵，本书第2章论述了评价水资源调配应遵循的5项基本原则，即社会合理性原则、经济合理性原则、生态合理性原则、效率合理性原则和系统合理性原则。以黑河流域水资源配置方案为评价对象，考虑到水资源系统的层次结构性，建立了用于方案优选的初始多层次指标体系。第3章提出了对初始评价指标进行定量筛选的定量方法，即主成分分析方法。应用结果表明，28个指标的前3个主成分的累计贡献率达90%以上，解决了高维空间映射为低维空间而空间特征不变的问题，改变了以往仅靠经验或简单的相关性判断来构建评价指标体系的方式。

第4章研究了求解高维非线性规划的优化方法，为第5章及第11章的模型求解奠定了基础，为此引入了混沌优化算法，计算结果表明该算法不仅有效而且计算速度快。定权是多属性决策中关键环节之一，也是难以突破的问题之一。第5章对此问题展开了研究，在引入协商权重和组合权重这些新概念的基础上，构建了协商定权的多维非线性规划模型，为特定环境下的权重确定提供了理论和方法。基于组合评价的观点，建立了组合评价的模型，给出了具体的计算步骤，并用此方法解决了区域水资源用水水平评价的问题。

第6、7、8章重点研究了水资源管理多属性综合评价的方法，主要研究内容是区域水资源调配方案的优选及区域用水水平评价问题。受到组合权重思想的启发，提出了组合评价的新思路。将可拓集理论引入多属性评价决策问题，分析论述了可拓集理论应用于解决该类问题的可能性和合理性，拓展了多属性决策的思路，丰富了综合评价的方法。第7章采用定性与定量相结合的系统学方法，结合前述几章的理论，研究了绵阳市水资源合理配置的方案优选问题。

第9章应用数据包络分析技术，建立了评价水资源管理绩效的线性规划模型。该模型不仅可以从投入产出的效率角度对具有类似决策的单元进行规范有效性或技术有效性的评价，而且也可从该角度出发对区域水资源的规划备选方案进行评价。

第10章讨论了水资源管理中的群决策问题，提出了两种水资源管理群决策方法：一是经典群决策法；二是群决策理想者决策法，并应用该方法求解华北水资源合理配置方案优化决策问题。

第11章探讨了区域水资源系统管理决策中的风险问题，构造了新的风险函数，提出了丰、平、枯水平年来水保证率呈正态分布的观点，结合决策技术对海河流域水资源配置进行了风险分析。

作者的研究工作得到了许多专家学者的指导和帮助，特别感四川大学水电学院梁川教授；中国水利科学研究院水资源研究所王浩院士、裴源生教授级高级工程师。

本书的出版得到了河南省新世纪优秀人才计划、高校骨干教师计划、河南省高校创新人才培养工程、河南省软科学研究以及华北水利水电学院重点学科等的基金资助，在此一并表示感谢。

作　者

2007年4月

目 录

第1章　绪　论

1.1　选题背景

水是生命之源,也是构成生物体的基本物质,人类从诞生的那一刻起注定要与水相伴。水可以没有人类而存在,人类的存在却不能没有水,即便地球上的水永远存在,假如出现不利于人类的变化,也必将威胁到人类的生存。人类在其生存发展过程中,有时与水和谐相处,有时受到水的伤害,有时动用大量的人力、物力、财力"治水"。在不懈地探索合理的人水关系的过程中,近20年来,人们悟出:如果想使社会经济的发展可持续,人口、经济、环境、资源必须协调,水资源的利用必须是可持续的。

1992年世界环境与发展大会通过的《21世纪议程》的第18章就淡水问题进行了专门的论述。"水是可持续发展的关键"曾经被作为2001年波恩国际淡水大会的主题,这次淡水大会是2002年世界高峰会的预备会议,而这次世界高峰会的主题是"可持续发展十年回顾与展望",可见淡水对可持续发展的重要性。世界各国政府组织、非政府组织、有关的学术团体对淡水问题都给予了高度关注,世界水理事会、全球水伙伴和国际水资源协会等国际组织近年来也非常活跃,国际性的与水有关的学术会议也很多,影响较大的"世界水论坛"至今已举办两届。水问题之所以引起世界范围内的普遍重视,是由于出现了全球性的"水危机",其表现为部分地区洪水泛滥、部分地区干旱缺水、水土流失严重、江河湖泊及地下水被污染。这些现象出现的原因既有自然因素,也有人为因素。缓解水危机的途径有多种，加强区域（或流域）水资源的一体化管理被认为是有效的措施。管理就必然涉及到决策，加强对水资源管理中决策分析的研究是十分必要的。

与世界其他国家的水资源问题相比，中国的水资源问题既有共性，又有特性。中国幅员辽阔，东、西、南、北地理和气候等自然特征存在较大的差异，经济发展水平也不相同，从而使中国的水资源问题呈现多样性，大体格局是南方水多，易出现的问题是洪涝灾害和水环境污染；北方地区尤其是华北平原水少，易出现干旱缺水、供水紧张的问题，水污染问题也很严重；西北地区最大问题也是干旱缺水，局部地区的水土流失问题突出，生态环境严重恶化。另外一个具有全国性的问题是随着我国经济的迅猛发展，城市化步伐加快，许多区域内城市的供水问题、水污染问题已成为限制社会经济持续发展的瓶颈，甚至威胁到人民群众的生命安全。为了解除当前乃至未来一段时间内的水害，中国政府近年来投巨资修建小浪底、三峡等大型水利枢纽，南水北调工程也已经开工，许多城市正在修建大型的污水处理设施，除了工程措施外国家还加大了对水问题的研究力度。比如，国家科技部在“十五”国家科技攻关计划重大项目中继“六五”、“七五”、“八五”、“九五”之后，对水问题的研究予以资助。水利部也设立课题对水与国民经济的协调关系进行研究。国家对节水型社会的建设也非常重视，把大连作为北方城市的节水试点，把绵阳市作为南方多水城市的节水试点，把黑河流域作为西北内陆河流域建设节水型社会的试点。此外，第二次全国范围的水资源规划工作正在进行之中。

以持续利用为理念的水资源管理中包含有大量的多属性评价（evaluation of multiple attributes）和决策（decision-making）问题。比如，地表水水量及水质评价、地下水水量及水质评价、水资源开发利用评价、水利工程环境效应评价、水生态环境评价、水资源紧缺水平评价、区域用水（节水）水平评价、水资源承载能力评价、水资源调配方案决策分析评价、水资源管理效能评价。这些评价、决策的依据准则通常都比较多，决策者也不止一个，相互之间的利益也许不一致，决策的环境也许是充满风险的。要想作出正确的评价和决策，需要综合系统科学、数学、管理学、经济学、社会学、水文学、水资源学等方面的知识，探索水资源管理评价和决策规律，建立适合于现代水资源管理决策的理论和方法。

从以上可以看出，对水资源管理决策的研究工作，其理论和实践意义都很大。

其理论意义在于：①可持续发展理念在水资源管理方面真正的应用，体现在水资源可持续利用指标体系的构建上。②完善水资源管理多属性决策的理论方法，使得水资源评价决策建立在更加科学和系统的理论基础上。③为系统科学地解决问题提供更多的素材，水资源科学工作者已经在这方面作出了不少贡献，例如线性规划、非线性规划、动态规划和大系统协调分解方法在水管理中的成功应用，一方面提高了水资源管理的水平，另一方面也促进了系统科学的发展。不过以往的研究中对系统的不确定性、复杂性研究得不够，从方法论的角度审视过去的成果，会发现解决系统问题的方法在刻意地追求严格的定量方法，尽管定量方法具有坚实的数学基础，但构建的模型过于呆板，曾经一度引起人们对系统科学的基础学科——运筹学应用价值的怀疑。本书采用中国系统科学研究者提倡的从定性到定量的方法去分析解决问题，并将现代优化技术引入多维非线性问题的求解中。④拓宽水资源多属性决策的研究思路。⑤建立新的风险函数，扩展风险分析的研究领域。建立群决策的新概念，将群决策的理论与方法真正地引入水资源决策问题中。

研究黑河问题的实际意义在于，黑河流域是西北内陆干旱区的一个缩影，在水资源管理方面存在诸多问题，比如：水资源开发利用程度已经超过了当地水资源的承载能力，急需提出新的水资源开发利用方式;经济用水挤占生态用水;用水效率普遍偏低;渠系的综合输水效率不足0.50;水资源管理滞后;水事纠纷严重。这些问题的存在造成了部分耕地盐碱化、河道断流、湖泊干涸、地下水水位下降、天然林面积大幅度减少、草地严重退化、土地沙漠化和沙尘暴等一系列生态系统问题。黑河流域水资源问题解决得好,将为西北地区的水资源合理配置和高效利用提供有益的经验和强大的科技支撑。历史和现实情况表明,西北地区社会经济发展的最大制约因素是水以及因干旱缺水造成的十分脆弱的生态环境。水是维护干旱地区生态系统的命脉。人工生态支持的人工绿洲是社会经济的载体,水资源是其生存和发展的根本依托。正确处理经济用水与生态用水的关系,是实施西北大开发的水资源与生态安全的根本保障,是一项长期任务。从近期看,应当迅速以水资源的科学调配为入手点,在水资源合理配置的基础上达到水资源开发利用与生态环境保护的长治久安。

研究绵阳市水资源问题的实际意义在于,绵阳市位于长江上游,地处水资源相对丰沛的地区,不仅是西部发展较快的城市之一,而且是国务院批准建设的科技城。绵阳市水资源主要问题是局部缺水、缺优质水,如何节水促治污,以保护求发展,做到生产发展、生活富余,生态良好,是亟待解决的问题。依托绵阳市经济比较发达、人才素质好、生态系统尚未遭到严重破坏的条件,开展以水资源的高效利用和合理配置为核心内容,促进生态系统建设和保护的节水型社会建设试点工作,对加快绵阳市及西部地区的水利现代化进程是非常必要的。绵阳市节水型城市的建设将为南方水资源相对丰沛地区的节水型社会建设提供经验和借鉴。

以海河流域为对象,研究风险条件下水资源配置方案的优选问题,可以使得水事活动的风险降低,从而使水利事业的发展与区域社会经济的发展相协调。随着全球气候的变化、温室效应的作用、经济规模的扩张、城市化进程的加快、人口的不断增长,水资源系统越来越呈现出物理、事理和人理相互交叉的特征，系统本身及其环境的不确定性加剧。研究成果将为政府部门的决策提供科学的理论依据和有效的方法。

DEA(数据包络分析)在水资源管理中的应用研究，使省市之间、部门之间在比较其在水利工作上的有效性时有了定量化的工具。与其他评价方法(比如，模糊综合评比、AHP方法以及物元可拓方法等)不同，从这种方法得到的计算结果中，能够发现管理中的不足之处，为未来的管理重点指明方向。当然，本书引入的新方法也可用于水资源管理方案的有效性评价，其评价的视角为水资源规划方案投入产出的效率大小。

上述研究工作无论在理论上还是在应用上都很重要，但目前国内外在水资源管理决策方面的研究还比较薄弱，从查阅到的文献来看，对单个问题研究较多，系统性的研究较少。

1.2　水资源管理多属性决策分析研究进展

与“多属性”(multiple attributes)相近的词还有“多目标”(multiple objectives)、“多准则”(multiple criteria)。在多准则决策发展的早期阶段，并没有一个为研究者普遍接受的定义[1]，许多学者将之视为可以替换的概念，在文献中不加区别地使用，因而时有混淆，容易被误解。国外直到20世纪70年代末80年代初，学术界对这三个基本概念才形成了共识，使用时开始规范起来。准则是决策事物或现象有效性的某种度量，是事物或现象评价的基础。它在实际问题中有两种基本的表现形式，即属性与目标。其中，属性是伴随着事物或现象的某些特点、性质或效能，而目标是决策者对决策事物和现象的某种追求。一个目标通常表明决策者在未来针对某一事物或现象确定的努力方向。在多准则问题中，还有另外一个词经常用到，它就是“多指标”(multiple indicators)，它与“属性”一词的意思相近,但也有微妙的差别,前者意味着评价的依据是评价对象本身所固有的,后者意味着评价依据是评价者赋予评价对象的,有时我们说反映某事物的“综合指标”,而不说“综合属性”。

与上述概念相对应,多准则决策(Multiple Criteria Decision Making,简称 MCDM)的研究领域被划分为多属性决策(Multiple Attributes Decision Making,简称 MADM)和多目标决策(Multiple Objectives Decision Making,简称 MODM)两个主要部分。相同之处在于,都是要对事物的好坏、优劣给出决策,且决策时准则都不止一个,多数情况下,这些准则往往是不可公度的,甚至是相互矛盾的。多属性决策与多目标决策之间的差别在于:前者的决策空间是离散的,后者是连续的;可供前者选择的问题的解是有限的、已知的,而后者是无穷的、未知的;前者的约束条件隐含于准则之中,不直接起作用,后者的约束条件隐含于准则之外,是决策模型中不可缺少的组成部分。简言之,前者是对事物的评价选择问题,后者是对方案的规划设计问题。

多准则决策的理论是在运筹学出现之后,在其发展过程中产生的一个分支。1944 年冯·诺伊曼(Von Neumann)和摩根斯特恩(Mongenstern)从对策论角度提出了有多个决策者、彼此之间有相互矛盾的多准则决策问题[2]。1951 年柯普曼(Koopmans)在生产、配置分析和 1959 年马考维茨(Markowitz)在投资方案选择方面的研究成果标志着多属性决策理论的诞生[3]。1959 年,库恩(Kuhn)和塔克(Tucker)又从数学规划角度提出了向量极值问题,并且给出了一些基本定理[4]。1963 年札德(L.A.Zadeh)从控制论的角度提出了多指标最优化问题,并给出了一些基本概念[5]。由洛克菲勒基金会资助的哈佛水资源项目,在多准则决策的理论、方法和应用方面起了重大作用,自 20 世纪 60 年代后有大量文献出版,此后有一系列的研究成果问世。20 世纪 70 年代有大量关于多准则的专著出版。欧洲的学者也作出了杰出贡献,例如ELECTRE算法,为解决离散的多准则决策问题提供了强有力的工具。1982年Goicoechea等列举了现实问题应用的10个方面,自然资源管理和水资源开发利用均在其中。同年,Zeleny曾在其著述中引用了截至1980年的34本专著1 000多篇论文及报告[6~10]。

国内外对多目标的研究多属于运筹学中数学规划的范畴[11~13],在运筹学中一般谈论的都是建立在线性规划基础上的目标规划(goal programming),也有以多目标为专题进行研究的。多准则决策传入我国较晚,20世纪70年代中后期,一些学者开始了介绍国外该领域成果的工作,并在20世纪80年代初翻译或编写了一些著作[14~18],除此之外大量的文献主要是一些不系统的应用文章(在本书后续的章节中列出)。林锉云等系统地对多目标最优化的解、解法、解的稳定性进行了深入细致的讨论[19],胡毓达也曾对多目标解的有效性进行了研究[20]。国内对于水资源管理多目标决策问题进行过较系统研究的人很少,冯尚友较为完整地介绍了多目标的理论方法及其在水资源问题中的应用[21],国内还有不少学者也对该问题有过研究,不过研究的对象也多是以水库群的优化调度为主[22~28]。对于区域的水资源多目标规划,许新宜、陈家琦、王浩进行了实质性的研究[29,30]。国外文献中对水资源多目标问题的研究也多集中在水库群或灌区[31~38]。多目标问题往往伴随着多维、非线性和不确定性等复杂问题,这些问题可能是未来多目标决策问题研究的方向[39]。

与多目标决策相比,多属性决策分析的数学理论更易理解,其内容在国内文献中出现的次数较多,应用的范围也较广,几乎所有的系统工程教材中都有相关的章节[40~46],这些文献中一般把“评价”和“决策”分开介绍,评价部分主要介绍常用的评价方法——层次分析方法,系统的、深层次的研究成果不多。决策部分介绍的大都是单人决策,分确定型、风险型和不确定型三种,对风险函数进行讨论的内容几乎看不到,这些文献中多属性决策分析的内容大多雷同。单独以多属性为主题的文献主要是对层次分析方法的介绍[47~52],其中以萨蒂的层次分析方法影响最大[50],20 世纪 80 年代中后期直到现在,有很多学者的研究工作仍然是对这种方法的改进。对多属性进行更为详尽的研究还有很多学者。1989 年齐寅峰在对单准则理论方法回顾的基础上,介绍了偏好已知情况下离散问题的决策方法,包括平均加权法和 ELECTRE 方法,尽管文献名称为“多准则决策”,但主要内容集中在连续空间的多目标问题上[53]。宣家骥在对多属性决策理论进行阐述的基础上,介绍了确定型多属性决策方法、定性定量相结合的决策方法和模糊多属性决策等方法,并将其应用于军队指挥自动化系统综合评估,取得了很好的效果[54]。1993 年陈晓剑对系统评价的基本理论进行了讨论,介绍了系统评价的基本方法,包括经济分析法、专家咨询法和不定性评价法、层次分析方法、逼近理想解的排序方法、评价相对有效性的 DEA 方法以及模糊综合评判法。陈晓剑利用上述方法对研究与发展、企业经营和教育管理进行了评价,解决了实际问题。陈晓剑在理论上的贡献在于他在文献中明确地提出了构建评价指标体系的思想[55]。2000 年胡永宏介绍了一些较新的综合评价方法,比如主成分分析法和因子分析方法、聚类分析和判别分析方法、灰色关联度分析方法、距离综合评价方法、DEA 方法、模糊综合评判方法、多维标度法,同时胡永宏对于评价指标的预处理也进行了较多的讨论[56]。2002 年郭亚军将其多年研究成果刊印成书,可以看出他做出了许多创造性的成果,比如基于“功能驱动”原理、“差异驱动”原理以及“综合集成”原理生成的权重系数方法,递阶综合评价方法,协商评价,群体评价,动态综合评价,集“过去”、“现在”、“将来”于一体的“立体”评价,郭亚军还对评价结果的敏感性进行了研究,当然他的研究成果中也还有一些问题,比如协商评价模型过于复杂,文献中没有给出解决的具体方法[57]。李荣钧自

1986～1996年一直在美国堪萨斯州立大学对模糊多准则决策进行研究,1996年回国后依然在该领域探索,文献[1]中介绍了国际学术界在这一领域的最新研究成果,包括模糊决策理论基础、模糊集的比较和排序、模糊多属性决策、模糊群决策、模糊多目标决策、模糊系统优化设计、模糊决策支持系统和模糊专家系统,其中后五方面都是目前该领域国际研究的前沿,李荣钧的研究主要集中于数学理论的研究,在实践中的应用成果较少。同年,邱菀华将熵理论引入决策分析中,建立了管理决策与应用熵学,其中的熵权理论、风险的熵度量法、群决策的熵集结理论在多准则决策理论中均属创新成果。邱菀华的研究兴趣是项目管理,因此她的应用成果也主要在项目管理方面[58]。

在国内水资源管理多属性决策的研究领域,陈守煜、冯尚友、丁晶和他们的学生作出了许多成就。陈守煜从20世纪80年代初就开始进行工程模糊集理论及应用的研究,提出了相对隶属度的概念,这是对模糊集理论的贡献,并建立了水资源系统模糊模式识别的新框架。虽然他很少提多属性决策和多准则决策,但从其著述中可以看出,他的研究成果大多属于该领域。不足的是,对于风险问题及群决策研究较少,对区域性水资源规划的应用成果不多[59～67]。冯尚友的研究重点是水资源系统工程,在水资源多属性决策分析方面亦有涉猎,他的重要贡献在于提出了水资源可持续利用的理论框架,这为水资源管理多属性决策分析奠定了理论基础[62,63]。丁晶的研究主要集中在水文水资源系统的不确定性方面,近年来,他和他的研究团队提出了不少新的水质评价、相似流域分析的理论和方法,比如遗传算法、投影寻踪、物元可拓理论等[64]。另外,1984年席西民博士对大型水利水电工程进行了综合评价研究,在研究中应用集值统计的思想对指标评价值的置信度给出了度量,他还提出了组合权重的观点[65]。席西民的著述被后来的学者引用的不少,为了指导水利建设项目的综合评价,1999

年席西民还提出了社会评价指南[66]，虽然在评价的方法上没有给出新的东西，但提出了比较全面的评价指标体系。其他一些不系统的文章比较多，在本书的其他章节中予以介绍，此处不再赘述。

综上所述，水资源管理多属性决策分析已经取得了不少成果，有待深入研究的问题也很多，主要有：①决策分析的前提是对可能出现的情况有比较清楚的了解，这就需要对未来有一个较为准确的预测，目前水问题的预测对河道径流研究成果多，计算机技术和数学理论都很先进，比如遥感、遥测、地理信息系统、随机过程、混沌以及神经网络等，但对于区域的供水、用水的预测缺乏深入的理论研究，实用中还没有被认可的技术手段。预测理论方法与决策分析研究脱节的现象也很严重。②区域水资源可持续利用评价指标体系没有建立起来，评价指标的定量化筛选研究成果少见。③定权模型不能反映真实情况，比如不同利益者对指标偏好不同，如何通过协商最终达成一致，还有综合主、客观权重的组合权重值得探讨。④评价模型中的不确定因素很多，以往对指标的不确定性研究较多，而对决策环境的不确定问题研究较少，风险问题主要集中在对水利工程的可靠性和对洪水灾害的研究，对区域水资源规划的不确定问题缺乏研究。⑤群决策在众多的水资源管理文献中只是作为一种概念被提及，极少见到切实可行的方法。⑥进入21世纪后，国内在多属性决策方面已有若干原创性研究成果，但用于水资源管理方面的少见，理论与实际结合不够。⑦把水资源管理评价指标体系构建、定权、评价、风险分析、群决策集中起来进行的研究不够，简言之，缺乏系统性的研究。⑧缺乏新理论、新方法应用研究，随着近几年应用数学的不断发展，新的理论与方法不断出现[67~78]，比如粗糙集理论、物元可拓集理论、系统科学理论、基因算法、模拟退火算法、混沌算法、人工神经网络、智能决策支持系统理论，数学建模与计算工具的性能也在不断提高，这些条件都为研究解决水资源管理问题的新方法提供了有利条件，不过实际上这方面的研究成果不多。

1.3 研究内容

本书的主要目的是建立一套水资源管理多属性决策的理论和方法。各章节围绕此目的展开，主要内容包括：①建立反映区域(流域)水资源管理的评价指标体系。水资源管理的内涵很丰富，包括规划、开发、利用、配置、保护、废污水的处理和回用等供、用水过程。实际中，不可能建立适用所有区域水资源管理的评价指标体系，本书重点研究黑河流域水资源合理配置的评价指标体系，研究评价指标建立的理论依据和原则。②研究初始指标筛选的定量化方法。从众多初始指标中选择恰当的评价指标，这其实是一个高维空间降维的问题，本书拟采用多元统计中的主成分分析方法解决该问题。③研究权重问题，给出组合权重及其具体应用，重点研究协商权重的理论方法，其中涉及到多维非线性优化问题，拟采用作者研究的混沌优化方法解决。④采用定性与定量技术相结合研究一个城市水资源配置方案的决策问题。⑤提出组合评价理论和方法，并将其应用于区域用水水平的评价中。⑥研究工程可拓集理论在配置方案中的应用，建立决策理论与方法。⑦在水利行业，一个很普遍的问题是，确定区域和部门间的管理水平问题，本书从投入产出效率的角度研究水资源管理绩效的评价问题，建立起理论与方法。⑧给出群决策的定义，研究水资源管理中群决策的具体操作方法。⑨对基于风险条件下的水资源管理决策问题进行研究，建立新的风险函数，以此为基础，结合决策技术对水资源规划方案作出判定，并将其应用于实践，检验其可行性。

理论研究内容的逻辑顺序为：初始指标评价体系—指标筛选—权重确定—单人评价(决策)—群体决策—基于风险的决策分析。上文中的①对应第一步，②对应第二步，③对应第三步，④、

⑤、⑥、⑦对应第四步，⑧对应第五步，⑨对应第六步。

参考文献

[1] 李荣钧.模糊多准则决策理论与应用.北京:科学出版社,2002.

[2] Von Neumann, Mongenstern J. heory of Games and Economic Behauior[M]. PrincetonUniv Press,1944.

[3] Koopmans T C. Activity Analysis of Production and Allocation[M]. Wiley, New York,1951.

[4] Kuhn H W, Tucker A W. Nonlinear Programming, Proc and Berkeley Symp [M]. on math. stat and Prop university of California Press, Berkeley, California,1952.

[5] Zadeh L A. Optimaltiy and Nonscalar valued Performance Criteria (IEEE Trans[J]. On Automatic Control),1963,8(1).

[6] 齐寅峰.多准则决策引论[M].北京:兵器工业出版社,1989.

[7] Saaty T L . The Analytic Hierarchy Process[M]. New York: Mcgraw－Hill,1980.

[8] Zeleny M. Multiple Criteria Decision Making[M]. New York: Mcgraw-Hill, 1982.

[9] Hwang C L, Yoon K. Multiple Attribute Decision Making[M]. New York: Springer-Verlag,1981.

[10] Chankong V, Haimes Y Y. Multi. objective Decision Making: Theory and Methodology[M]. New York: North－Holland,1983.

[11] 钱颂迪.运筹学[M].北京:清华大学出版社,1990.

[12] 邓成梁.运筹学的原理和方法(第 2 版)[M].武汉:华中理工大学出版社,1998.

[13] 胡运权.运筹学教程[M].北京:清华大学出版社,1998.

[14] Lee S M. 决策分析的目标规划[M].宣家骥,卢开,译.北京:清华大学出版社,1986.

[15] Ignizio J P I. 目标规划及其扩展[M].宣家骥,娄彦博,译.北京:机械工业出版社,1988.

[16] Ignizio J P I. 单目标和多目标系统线性规划[M]. 闵仲求,等译. 上海:同济大学出版社,1986.
[17] 赵可培. 目标规划及其应用[M]. 上海:同济大学出版社,1987.
[18] 陈景艳. 目标规划的计算机方法[M]. 北京:清华大学出版社,1987.
[19] 林锉云,董加礼. 多目标优化的方法与理论[M]. 长春:吉林教育出版社,1992.
[20] 胡毓达. 多目标规划有效性理论[M]. 上海:上海科学技术出版社,1994.
[21] 冯尚友. 多目标决策理论、方法及应用[M]. 武汉:华中理工大学出版社,1990.
[22] 叶秉如. 水资源优化规划和调度[M]. 北京:中国水利水电出版社,2001.
[23] 姚汝祥,等. 水资源系统分析及应用[M]. 北京:清华大学出版社,1987.
[24] 华士乾. 水资源系统分析指南[M]. 北京:水利电力出版社,1988.
[25] 刘肇祎. 水资源系统工程[M]. 北京:水利电力出版社,1986.
[26] 贺北方,等. 交互式多目标决策方法及其应用[J]. 郑州工业大学学报,2001,22(3):9~13.
[27] 方道南,叶秉如. 大系统多目标规划和风险决策的理论和方法[J]. 水利水电科技进展,1999,19(4):17~20.
[28] 黄强,沈晋. 水库联合调度的多目标模型及分解协调算法[J]. 系统工程理论与实践,1997(1):76~82.
[29] 陈家琦,王浩,杨小柳. 水资源学[M]. 北京:科学出版社,2002.
[30] 许新宜,等. 华北地区宏观经济水资源规划理论与方法[M]. 郑州:黄河水利出版社,1997.
[31] Hamimes Y Y. 水资源系统分析(上、下)[S]. 中国环境问题研究会,1981.
[32] Sang M Lee. 决策分析的目标规划[M]. 北京:清华大学出版社,1986.
[33] Roy B, Slowinski R, Treichel W. Multicriteria programming of water supply ayatels for rural areas[J]. Water Resources Bulletin, 1992, 28(3): 13~31.
[34] Stewart T J S, Scott L. A scenario-based framework for multicriteria de-

cision analysis in water resources planning[J].Water Resources Research, 1995,31(11).

[35] Giambelluca T, Ridgley M, Nullet M. Water balance, climate change and land－use planning in the pearl harbor basin, Hawaii[J]. Water Resources Development, 1996,12(4):515～530.

[36] Makowski M, Somlyódy L, Watkins D. Multiple Criteria Analysis for Water Quality Management in the Nitra Basin[J].Water Resources Bulletin, 1996,32(5):937～951.

[37] Pillai C R S, Raju K S. Ranking irrigation management alternatives by multicriterion analysis[J]. Water Resources Development, 1996, 12(3):329～345.

[38] Stewart T J, Scott L, Iloni K. Multicriteria decision analysis and scenario based policy planning for water management in South Africa[R]. Report to the Water Research Commission, 1993.

[39] 刘宝碇,赵瑞清.最优化基础——模型与方法[M].北京:清华大学出版社,1998.

[40] 沈泰昌.系统工程[M].杭州:浙江教育出版社,1986.

[41] 防务系统管理学院[M].系统工程管理指南.北京:宇航出版社,1992.

[42] 王众讬.系统工程学[M].北京:国防工业出版社,1980.

[43] 汪应洛.系统工程理论、方法与应用[M].北京:高等教育出版社,1992.

[44] 郑春瑞.系统工程学概述(第2版)[M].北京:科学技术文献出版社,1985.

[45] 王金山,谢家平.系统工程基础与应用[M].北京:地质出版社,1996.

[46] 黄国榜.系统工程方法论[M].北京:中国展望出版社,1988.

[47] 刘新宪,朱道立.选择与判断——AHP(层次分析法)决策[M].上海:上海科学普及出版社,1990.

[48] 王莲芬,许树柏.层次分析法引论[M].北京:中国人民大学出版社,1990.

[49] 许树伯.实用决策方法——层次分析法原理[M].天津:天津大学出版社,1988.

[50] 萨蒂 T L.层次分析法在资源分配、管理和冲突分析中的应用[M].北

京:煤炭工业出版社,1988.
[51] 保罗·穆迪.管理决策方法[M].北京:中国统计出版社,1989.
[52] 穆迪 P E.决策——获得较佳决策的方法[M].北京:人民交通出版社,1988.
[53] 齐寅峰.多准则决策引论[M].北京:兵器工业出版社,1989.
[54] 宣家骥.多目标决策[M].长沙:湖南科学技术出版社,1989.
[55] 陈晓剑,梁梁.系统评价方法及应用[M].合肥:中国科学技术大学出版社,1993.
[56] 胡永宏.综合评价方法.北京[M]:科学出版社,2000.
[57] 郭亚军.综合评价理论与方法[M].北京:科学出版社,2002.
[58] 邱菀华.管理决策与应用熵学[M].北京:机械工业出版社,2002.
[59] 陈守煜.系统模糊决策理论与应用[M].大连:大连理工大学出版社,1994.
[60] 陈守煜.工程模糊集理论与应用[M].北京:国防工业出版社,1998.
[61] 陈守煜.水文水资源系统模糊识别理论[M].大连:大连理工大学出版社, 1992.
[62] 冯尚友.水资源系统工程[M].武汉:湖北科学技术出版社,1991.
[63] 冯尚友.水资源持续利用与管理导论[M].北京:科学出版社,2000.
[64] 金菊良,丁晶.遗传算法及其在水科学中的应用[M].成都:四川大学出版社,2000.
[65] 席酉民.大型水利水电工程综合评价与决策分析[D].西安:西安交通大学,1984.
[66] 中国水利经济研究会,水利部规划设计总院.水利建设项目社会评价指南[M].北京:中国水利水电出版社,1999.
[67] 张文修,吴伟志.粗糙集理论与方法[M].北京:科学出版社,2001.
[68] 涂序彦.大系统控制论[M].北京:科学出版社,1994.
[69] 黄润生.混沌及其应用[M].武汉:武汉大学出版社,2000.
[70] 蔡文,杨春燕,林伟初.可拓工程方法[M].北京:科学出版社,1997.
[71] 阎平凡,张长水.人工神经网络与模拟进化计算[M].北京:清华大学出版社,2000.
[72] 张智星,孙春在.神经－模糊和软计算[M].西安:西安交通大学出版

社,2000.

[73] Michael R, Middleton. 使用 Excel 进行数据分析[M]. 北京:中国水利水电出版社,1997.

[74] 黄梯云. 智能决策支持系统[M]. 北京:电子工业出版社,2001.

[75] 玄光南. 遗传算法与工程设计[M]. 北京:科学出版社,2000.

[76] 娄顺天,施阳. 基于 MATLAB 的系统分析与设计神经网络[M]. 西安:西安电子科技大学出版社,1998.

[77] 刘则毅. 科学计算与 Matlab[M]. 北京:科学出版社,2001.

[78] 于洪彦. Excel 统计分析与决策[M]. 北京:高等教育出版社,2001.

第 2 章　水资源调配评价初始指标的选定

2.1 引　言

判断事物的好与坏、优与劣，都要依据一定的准则。准则的选定是评价、决策的前提和基础。在多属性问题中，准则的选定就是评价指标的选择。

水资源系统是自然水文循环系统和人工侧支循环系统相耦合的二元循环系统[1]，越来越呈现出物理、事理和人理相交叉的特征[2]。区域水资源调配在投入一定的人、财、物后，系统的结构将发生变化，功能随之改变，环境也会受到影响。要从备选方案集中选择满意方案，建立有一定理论基础、兼顾到各种因素的评价指标体系是必然要求。

区域(流域)水资源调配方案的评价指标体系在国内外文献中鲜见。评价指标体系大多是为评价区域(流域)的社会经济可持续发展水平、水资源开发利用水平、区域用水水平和区域水资源承载能力等建立的。1997 年，史晓新等对水资源工程环境影响评价赋予了可持续性的内涵，建立了一套基于可持续发展的水资源工程环境影响评价模式体系[3]。1998 年，陈宁等根据可持续发展理论，结合我国水资源的特点，界定了水资源开发利用可持续发展的概念与内涵，建立了评价指标体系[4]。1999 年，陈建耀等提出了以人为中心的，集人口(P)、资源(R)、环境(E)与发展(D)因素为一体的 PRED 评价指标体系，并以此论证了区域调水规模问题[5]。同年，贾嵘等在分析水资源潜力内涵和水资源开发利用阶段的基础上,建立了水资源潜力的评价指标体系[6]。2000年,王慧敏建立了都江堰灌区可持续发展系统的评价指标体系[7]。卞建民等建立了涵盖水资源的可供给性、水资源开发的技术水平和管理水平及水资源的综合效益为一体的水资源可持续利用评价的指标体系[8]。2001年,孙才志等以松嫩盆地为例,讨论了水资源开发模式评价指标体系的设计原则,根据具体研究问题的需要,选取一些能够从整体上反映水资源系统内部与水资源开发利用有关的指标组成了评价指标体系[9]。阮本清等以黄河中下游引黄灌区为研究对象,建立了适用于大型灌区的用水水平评价指标体系[10]。秦莉云等结合我国江河流域的特点,通过对流域活动、流域政策与流域环境变化的研究,探讨了流域可持续发展评价指标体系建立的目的、指导原则,并根据流域的实际情况,构建了以水资源为主控因素的可持续发展评价指标体系[11]。惠泱河等在对水资源承载能力的内涵及影响因素剖析的基础上,以缺水的关中地区为例,建立了区域水资源承载能力评价指标体系[12]。2002年,叶正波以宁波市为例,建立了可持续发展的预警指标体系[13]。

2.2 选择调配方案评价指标的理论基础和原则

建立配置方案评价指标体系的理论基础是持续发展理论和系统科学原理。

"可持续发展"一词来自于拉丁语"sustennere"。[14]联合国教科文组织的创意者第一次提出可持续发展的"持续"(susten)用的是法文,是"撑得住"、"垮不了"和"得以维持"的意思;后来译为英文(sustain),是"支撑"、"承受得住"和"继续"的意思,警世的意味大大减弱;译成中文为"可持续",其警世意义进一步削弱。"可持续发展"(sustainable development)的原始概念来源于生态学,概念提出后,不同的机构和学者对此的解释略有差异,其中心思想可归结为:“以新的生产方式不断提高人民生活质量和生态系统承载能力,既满足当代人的需求,又不损害子孙后代满足其需求能力,既满足一个地区或一个国家的人群需求,又不损害别的地区或别的国家的人群满足其需求能力的发展。”

可持续发展理论的基本内涵包括以下几点:可持续发展的核心是发展,消除贫困是实现可持续发展的重要条件,发展要兼顾眼前利益和长远利益,经济增长的模式应该是可持续的,而非传统西方的经济增长模式。可持续发展应以自然资源为基础,同资源承载能力相协调,同环境相协调,不能以环境污染、生态退化为代价换取经济的增长。可持续发展以提高人民生活质量为目标,同社会进步相适应。可持续发展的实施要以适宜的政策和法律体系为条件,强调“综合决策”与“公众参与”,可持续发展的原则应纳入经济发展、人口、环境、资源、社会保障等各个立法和重大决策中。

基于可持续发展的理念,本书提出在进行黑河流域的水资源配置时应考虑下面几个合理性,这也是初选指标的原则。

(1)社会合理。流域水资源调配是为了解决或缓解由于流域水资源短缺、不合理的开发利用等引起的人们生活、生态环境、社会经济等问题,以保障区域可持续发展和人民生活水平的提高。水资源是一种特殊资源,无法以经济方式进行生产,因此不是一种典型的经济商品,故在水资源调配准则确定上首先要保障调配区社会进步的公平性。公平性是人们对经济以外或非完全经济度量分配形式所采取的理智调控,从而避免个别部门或地区因水资源过度紧缺而严重干扰区域社会发展秩序,从而失去社会发展的区域均衡性。因此,流域水资源调配评估的第一条准则是社会合理性评价。可以根据人均用水量大致相等、尊重现状、缺水率大致均衡和产水优选标准进行现实评估操作,以具体落实这一原则。这一调配原则和定量标准已经作为我国南水北调规划中水量调配评价的主要标准之一。

(2)经济合理。我国传统的水资源分配大多属于一种指令配置模式,主要通过行政手段来配置水资源,常常导致"市场失灵"的。目前虽然微观上的水价改革已经付诸实施,宏观上的水资源统一管理也被日益重视,但水资源调配仍多属政府行为,并愈加侧重于强化"分水协议"的实施保障。为了形成良性经济激励和运行机制,在内陆河流域水资源调配中必须对其经济合理性进行评价。具体操作上体现在水资源开发措施上必须符合边际投入最小化,如开源和节流边际成本的比较,在保证生活用水的基础上综合供水效益最大化,如单方水 GDP 产出、单方水粮食生产效率等指标。经济合理性以经济学理论为基础,是经济规律作用下的自然趋向,国际上大多采用这一标准对水资源调配效应进行评价。

(3)生态合理。水资源系统同时承载着流域生态环境系统和流域社会经济系统,客体的二元结构决定了流域水资源宏观层次上的调配行为就是流域水资源在生态环境系统和社会经济系统之间的分配,这也是流域水资源配置的首要步骤。因此,流域水资源在二元客体间配置合理性就成为流域水资源配置合理性判别的重要标准,重点内容就是生态环境用水量的合理性的识别。在具体评价过程中,应从生态环境系统的功能和效用出发,以区域生态环境保护目标下生态环境用水量作为其最小需水量,剩余的那部分水量作为社会经济可利用量进行内部调配。

(4)效率合理。广义水资源调配行为实施的目的是为了水资源利用总体效益最大化和最优化,而实现这一目标的唯一途径则是提高水资源的整体利用效率。在国际上,水资源利用的效率合理性也是水资源使用权占有的主要构成要素之一,如美国加利福尼亚州将用水效率合理性的概念纳入州法典中,规定任何人没有不合理使用水的权利,如浪费和低效用水。

(5)系统合理。水资源系统是复杂的系统,不仅因为其组分多,而且因为其关系呈现出高度的非线性特征。水资源调配应使人口、经济、环境相协调,统筹考虑生活、生产、生态用水,既要考虑眼前利益又要兼顾长远利益。总之,配水时要坚持系统的观点。

2.3　水资源调配方案初始评价指标体系实例

黑河流域是西北干旱地区典型的内陆河流域,是水利部“建设节水型社会”项目试点之一,也是国家“十五”重点科技攻关课题的研究对象,建立黑河流域水资源调配评价指标体系具有重要的示范意义。

2.3.1　流域概况

2.3.1.1　自然地理

黑河流域属河西内陆河流域,地处河西走廊和祁连山中段,位于东经 97°37′～102°02′,北纬 37°44′～42°40′,流域面积 12.83 万 km^2,横跨青海、甘肃、内蒙古三省(区),流域地势南高北低,地形复杂,按海拔和自然地理特点分为上游祁连山地、中游走廊平原和下游阿拉善高原三个地貌类型区[15～17]。

黑河上游位于青藏高原北缘的祁连山地,主要山脉有疏勒南山、讨赖山、走廊南山,海拔都在 2 000～4 000m 之间;属青藏高原的祁连山—青海湖气候区,降水多、蒸发少、气温低、高寒阴湿是本区气候的基本特点,该区是黑河的产流区和发源地。黑河中游位于河西走廊中段,地势平坦开阔,海拔 1 000～2 000m;属温带蒙—甘区的河西走廊温带干旱区,干旱是本区气候的基本特点,该区是黑河的主要用水区。黑河下游属内蒙古高原西部的阿拉善高原,系由一系列剥蚀中、低山和干三角洲、盆地组成,海拔 980～1 200m;属温带蒙—甘区的阿拉善和额济纳荒漠极端干旱区,区内降水量稀少、蒸发强烈,冬春干冷而漫长,夏秋酷热而短促,日照长、风沙大是本区气候的基本特点，该区是黑河的径流消失区。

2.3.1.2 社会经济

截至 1999 年黑河流域人口 133.83 万人，其中农业人口 110.8 万人；耕地 27.5 万 hm^2，农田灌溉面积 20.44 万 hm^2，林草灌溉面积 5.7 万 hm^2；牲畜 253.7 万头（只），粮食产量 103.94 万 t，人均粮食产量 777 kg，国内生产总值 63.08 亿元，人均 4 709 元。

上游地区包括青海省祁连县大部分和甘肃省肃南县部分地区，以畜牧为主。中游地区包括甘肃省的山丹、民乐、张掖、临泽、高台等县（市），属灌溉农业经济区。下游地区包括甘肃金塔县部分地区和内蒙古自治区额济纳旗。其中金塔县鼎新片儿为灌溉农业经济区，额济纳旗以荒漠牧业为主。下游还有国家重要的国防科研基地东风场区（酒泉卫星发射中心）。具体的一些数据见表 2-1。

表 2-1 黑河流域社会经济基本概况

区域	项目						
	人口（万人）	耕地（万 hm^2）	农田灌溉面积（万 hm^2）	林草灌溉面积（万 hm^2）	牲畜（万头（只））	粮食产量（万 t）	国内生产总值（亿元）
上游	6.0	0.5	0.4	0.2	86.5	1.03	3.5
中游	121.2	26.1	19.3	3.0	143.3	99.3	55.97
下游	6.63	0.9	0.74	2.5	23.9	3.61	3.61
总计	133.83	27.5	20.44	5.7	253.7	103.94	63.08

2.3.2 目前存在的问题

当前黑河流域在水资源可持续利用方面存在 6 个突出问题：

(1)黑河流域的水资源开发利用程度已经超过了当地水资源的承载能力。开发利用导致了水资源天然时空分布的改变，中游农业耕作区耗水量过大，下游额济纳平原水量不断减少并且水质变劣，生态环境急剧退化。进入下游的水量从新中国成立初期的

11.6亿m^3减少到20世纪90年代的7.7亿m^3。同时,由于下游鼎新灌区和国防科研基地用水增加、河道损失等因素,导致实际进入额济纳旗的水量减少。

(2)急需提出新的水资源开发利用方式。一是在山区和干流建设控制性调蓄工程,缓解春旱并替代平原水库。二是地表水与地下水需要联合运用,减少灌区潜水蒸发损耗和治理次生盐渍化。三是平原水库利用效率低,蒸发损失大,且易于造成次生盐渍化,需要结合生态环境建设和节水加以改造,逐步以出山口水库取代。四是减少中游地区引水口门,改造渠系布局,加强工程配套。

(3)经济用水挤占生态用水。人工绿洲的逐步稳定和扩大,改造了流域内部的水循环关系,流域内各支流与干流间联系明显减弱,而干流上、中、下游间的联系明显增强。水资源消耗向干流中间集中,致使下游天然绿洲萎缩,土壤沙漠化加快。不仅黑河流域如此,因水资源短缺和不当的灌溉方式引起的土壤沙化、草场退化和土地盐渍化已成为西北地区各内陆河下游地带的三大生态现象。

(4)用水效率普遍偏低,渠系的综合输水效率不足0.50。迫切需要在水资源统一调配下实行更为精细的灌溉方式,进一步挖掘节水潜力。

(5)水资源管理滞后。水资源短缺导致用水量竞争增加,上下游用水矛盾激化,迫切需要协调流域水资源管理和行政区水资源管理的关系。随着市场化的推进,水资源税和水价对资源配置的作用亦日益明显。灌溉用水还没有做到实际定量并按量收费,而是按灌溉面积收费,水价不仅低于水资源的价值,还低于供水成本,也低于节水成本。因此,用水方式粗放,浪费现象严重,中游干流地区农田灌溉毛定额平均达15 540m^3/hm^2。1999年以后流域管理工作逐步展开,目前流域管理体制及机制都尚需进一步完善,还远不能适应形势发展的要求。

(6)水事纠纷严重。黑河流域水土资源极不协调,水事纠纷由来以久,早在明末清初中下游已出现用水矛盾,为消除甘肃内部的水事纠纷,清雍正四年(公元 1726 年),驻甘巡抚年羹尧订立"均水制",并藉强大的军事力量实施。随着流域内人口的增长、经济的发展和生活水平的提高,中下游之间用水矛盾日趋尖锐。从 20 世纪 60 年代初期开始,内蒙古自治区就提出黑河分水问题,甘肃省内部的用水矛盾也十分突出,每年 5~6 月"卡脖子"旱期间,中游地区相互争水、抢水、破坏水利工程的水事纠纷和违法案件经常发生。自 1993~1999 年,甘肃的张掖、临泽、高台三县(市)共发生水事纠纷 152 起,发生各类水事案件 123 起,其中多起是因抢水而破坏水利工程的恶性案件。

上述问题的存在,造成了部分耕地盐碱化、河道断流、湖泊干涸、地下水水位下降、天然林面积大幅度减少、草地严重退化、土地沙漠化和沙尘暴等一系列生态系统问题。

黑河流域是西北内陆干旱区的一个缩影,黑河流域水资源问题解决得好,将为西北地区的水资源合理配置及高效利用提供有益的经验和坚强的科技支撑。历史和现实情况表明,西北地区社会经济发展的最大制约因素是水以及因干旱缺水造成的十分脆弱的生态环境。水是维护干旱地区生态系统的命脉。人工生态支持的人工绿洲是社会经济的载体,水资源是其生存和发展的根本依托。正确处理好经济用水与生态用水的关系,是实施西北大开发的水资源与生态安全的根本保障,是一项长期任务。从近期看,应当迅速以水资源的科学调配为入手点,在水资源合理配置的基础上达到水资源开发利用与生态环境保护的长治久安。

2.3.3 黑河流域水资源调配方案指标评价体系结构

基于可持续发展理论和系统科学的方法,遵循上文指标选择的原则,针对黑河流域水资源管理中的问题,提出了如图 2-1 所示的黑河流域水资源调配方案评价指标体系结构。

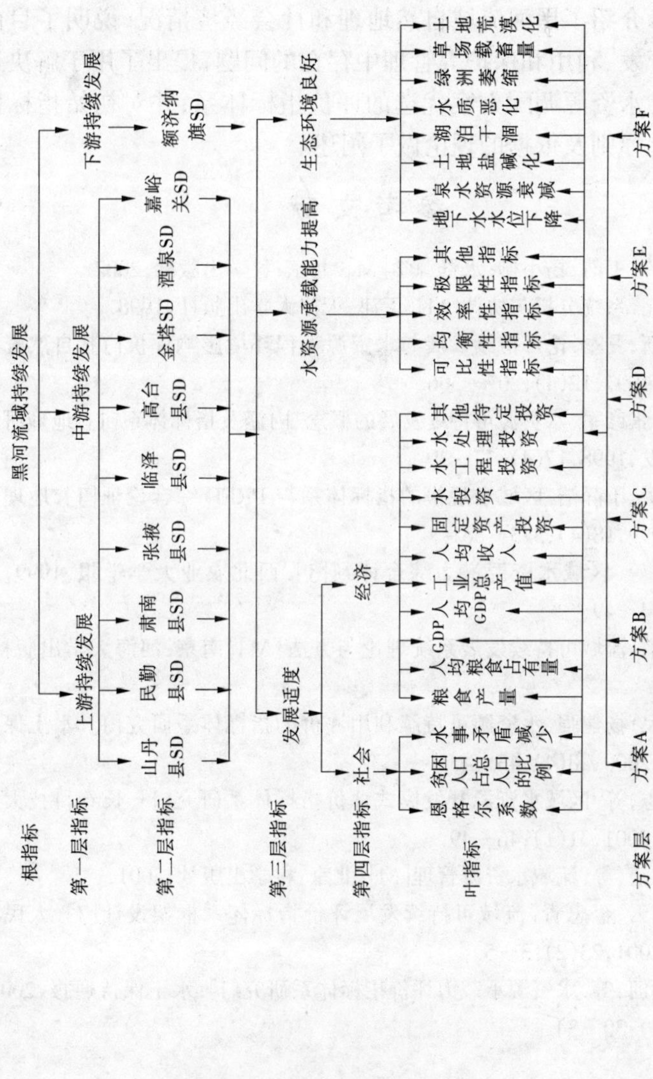

注：SD为可持续发展的缩写。

图 2-1　黑河流域水资源调配方案评价指标体系结构示意

2.4 小　结

本章介绍了黑河流域自然地理和社会经济情况，说明了目前水资源开发、利用和保护等管理中存在的问题，提出了用于解决这些问题的水资源调配方案优选的评价指标体系，并对初始指标体系的建立原则及依据的理论做了阐述。

参考文献

[1] 陈家琦，王浩，杨小柳. 水资源学[M]. 北京：科学出版社，2002.

[2] 顾培亮. 系统分析与协调[M]. 天津：天津大学出版社，1998.

[3] 史晓新，夏军. 论可持续发展与水资源工程环境影响评价[J]. 自然资源学报，1997，12(4)：207～306.

[4] 陈宁，张彦军. 水资源可持续发展的概念、内涵及指标体系[J]. 地理研究与开发，1998，17(4)：37～39.

[5] 陈建耀，于静洁. 区域水规模的指标体系与 PRED 综合论证[J]. 地理研究，1999，18(4)：373～381.

[6] 贾嵘，等. 区域水资源潜力综合评判[J]. 西北农业大学学报，1999，27(5)：44～49.

[7] 王慧敏. 流域可持续发展系统理论与方法[M]. 南京：河海大学出版社，2000.

[8] 卞建民，杨建强. 水资源可持续利用评价的指标体系研究[J]. 水土保持通报，2000，20(4)：43～45.

[9] 孙才志，等. 区域水资源开发模式评价指标体系研究[J]. 长春科技大学学报. 2001，31(1)：46～49.

[10] 阮本清，等. 流域水资源管理[M]. 北京：科学出版社，2001.

[11] 秦莉云，金忠青. 流域可持续发展评价指标体系框架设计[J]. 人民黄河，2001，23(2)：3～5.

[12] 惠泱河，等. 水资源承载力评价指标体系研究[J]. 水土保持通报，2001，21(1)：30～34.

[13] 叶正波.可持续发展预警系统理论及实践[M].北京:经济科学出版社,2002.

[14] 吴季松.现代水资源管理概论[M].北京:中国水利水电出版社,2002.

[15] 潘启民,郝国占,曹秋芬.黑河流域水资源供需分析及对策[J].西北水资源与水工程,2001(2):21~23.

[16] 马金珠,钱鞠.黑河流域水资源优化利用[J].兰州大学学报(自然科学版),1997,33(2):92~97.

[17] 王宝玉,安新代.黑河流域水资源合理利用探讨[J].西北水资源与水工程,1998(4):1~5.

第3章 水资源调配方案评价指标筛选技术

3.1 引 言

水资源调配方案的评价是水资源规划的重要内容。评价是依据方案实施需要的投入及其实施后的预期产出来进行的，投入与产出都是用具体的指标来表示的。评价结果是否合理不仅与评价方法有关，而且与评价指标选取的质量有关。选取指标是评价工作的第一步，是方案评价的基础。2002 年颁布的《全国水资源规划技术细则》中明确指出，“方案评价的指标应具有一定的代表性、独立性和灵敏度，能够反映不同方案之间的差别”。使用什么样的方法选取指标才能达到要求，技术细则中并没有提及，已往的研究成果也少见。

关于指标筛选的定量技术研究，万方数据库及维普数据库 1989～2002 年的文献表明，我国学者自 2002 年才开始使用现代多元统计方法对水资源评价指标进行定量分析，沈珍瑶等在构建黄河流域水资源可再生性评价指标体系时，利用灰色关联方法与主成分分析方法对定性分析所得的指标体系进行了筛选，取得了较好的研究成果[1]。陈东景等应用因子分析法对甘肃省酒泉地区水质污染状况进行了评价，找到了影响该地区水质的主要污染物，研究结果有利于水质评价时重要指标的选择[2]。

在实际工作中，由于没有可靠的定量技术，选取指标靠的主要是经验，缺乏指标定量分析的依据。即便是对指标进行了定量分析，最多也就是对相关性进行计算，定量分析的深度不够。因此，如何把专家的经验和定量分析技术结合起来，研制出适合水资源调配评价指标筛选的定量理论方法，是本章的主要目的。

从研究的现状看，现代多元统计在水资源可持续利用评价中的应用刚刚开始，应用范围还很广。这是因为：①与水资源相关联的评价问题有很多，常见的有地表水水量、水质评价，地下水水量、水质评价，水资源开发利用评价，水利工程环境效应评价，水生态环境评价，水资源紧缺程度评价，区域用水（节水）水平评价，工业用水水平评价，农业节水水平评价，水资源承载能力评价，水资源调配方案评价，水资源管理效能评价等。这些问题中都存在与水资源调配方案评价类似的指标筛选问题。②可用于指标筛选的多元统计方法有多种，比如聚类分析方法、主成分分析方法、因子分析方法、投影寻踪方法和典型相关分析[3]以及粗糙集理论[4]等。这些多元统计方法都能起到降低指标空间维数的作用。特定的评价对象采用哪种方法更适合需要进一步的研究。

3.2　高维空间降维技术

随着人们对事物复杂性认识的不断深入，加之计算机技术日新月异的发展，高维数据的统计分析越来越重要。在许多实际问题中数据的维数相当高，因为事物在其演变过程中必然会受到众多因素的影响和制约，为了避免忽略掉影响因素的相关信息，在问题的初始认识过程中必然会广纳变元，从而使多元分析方法的应用非常普遍。但与之俱来的问题是，随着维数的增加，也会在计算方面带来一些困难：一是随着维数增加，计算量迅速增大，而且不可能将其画出可视的分布图或其他图形；二是当维数高时，即使数据的样本点很多，散在高维空间中仍显得非常稀疏，Bellman将这种现象称为“维数祸根”[5]，高维点云的稀疏性使许多传统的、在一维情况下比较成功的方法失效;三是在低维时稳健性很好的统计方法,到了高维稳健性就变差了。鉴于此,自然希望找寻降维的方法,目前,求解多维问题的方法有:①大系统协调与分解,将研究的系统分解成维数较小的子系统,而后进行处理。②对于非线性多维问题采用遗传算法、模拟退火算法、混沌优化等算法。③现代多元统计方法。这些方法适用的范围不同,直接用于指标筛选的主要是统计方法。

作者研究表明,聚类分析方法在水资源指标的分类过程中效果不好。一般可按评价对象的属性,依据经验进行指标的分类。相对于其他几种方法,主成分分析方法道理浅显易懂,算法简单,本书采用此法对水资源管理中的评价指标集进行筛选。

3.3 主成分分析基本思想

3.3.1 主成分分析方法的基本思想

评价指标可以看成是指标变量,每一变量都不同程度地反映了该类指标的信息,变量之间难免存在重叠、相关的关系。在用现代多元统计方法研究多变量问题时,变量太多会增大计算量和增加问题的复杂性,人们自然希望在进行定量分析的过程中涉及的变量应尽可能地少,而信息量尽可能地多。主成分分析是解决这一问题的理想工具。因为在水资源多属性决策问题中,反映某类指标特征的变量较多,这些变量之中或许存在着起支配作用的变量。如果事情果真如此,就可以通过对原始变量相关矩阵内部结构关系的研究,找出起主要作用的几个综合指标,这几个综合指标是原始变量的线性组合。综合指标不仅保留了原始变量的主要信息,彼此之间又不相关,又比原始变量具有某些更优越的性质,使得评价工作易于进行且能抓住主要矛盾。

3.3.2　主成分分析方法计算步骤

主成分分析的基本原理可以用数学语言描述如下[6]：

设有 n 个指标 $x_1,x_2,\cdots,x_n$，这 n 个指标反映了客观对象的各个特性，因此每个被评价对象对应的 n 个指标值是一个样本值，每个对象又是一个 n 维向量。如果有 m 个对象，就有 m 个 n 维向量，用矩阵 X 表示就有

$$X_{m\times n}=\begin{bmatrix} x_{11} & x_{12} & \cdots & x_{1n} \\ x_{21} & x_{22} & \cdots & x_{2n} \\ \vdots & \vdots & & \vdots \\ x_{m1} & x_{m2} & \cdots & x_{mn} \end{bmatrix} \tag{3-1}$$

式(3-1)的每一行就是一个方案的指标值。从统计学的角度来看，主成分分析降维的思路是，已知数据矩阵 X，能否找到反映 n 个指标 $x_1,x_2,\cdots,x_n$ 的线性函数 $\sum_{i=1}^{n}\alpha_i x_i$ 来最好地反映这些指标的变化情况。换句话说，把 n 个变量在 m 个样本上的差异，用它们的一个线性函数的差异来综合表示，这个线性函数就是一个代表性很好的指标，它就是这 n 个变量的主要成分，找出这个主要成分的方法就叫做主成分分析法。

主成分分析分两大步：

第一步，求出样本的协方差矩阵 V；

第二步，求 V 的最大特征根 λ 及相应的特征向量 α，则 $y=\sum_{i=1}^{n}\alpha_i x_i$ 即是所求的主成分分量。

3.3.3　关于主成分分析算法的一些讨论

求得的主成分分量的代表性如何呢？回答这个问题需要对方差的大小进行分析，比如可以用 y 的方差 λ 和 $x_1,x_2,\cdots,x_n$ 的总

方差 $\sum_{i=1}^{n} v_{ii}$ 相比，令

$$\gamma = \frac{\lambda}{\sum_{i=1}^{n} v_{ii}} \tag{3-2}$$

式中：γ 为主成分 y 的贡献率。γ 越大，y 的代表性越好。

就特征方程 $|V-\lambda E|=0$ 而言，特征根可能不止一个。设方程的 n 个特征根为 $\lambda_1,\lambda_2,\cdots,\lambda_n$。注意到 V 非负定，所以不妨设 $\lambda_1 \geqslant \lambda_2 \geqslant \cdots \geqslant \lambda_n \geqslant 0$。可以证明

$$\sum_{i=1}^{n} \lambda_i = \sum_{i=1}^{n} v_{ii} \tag{3-3}$$

式(3-3)表示 $y_1,y_2,\cdots,y_n$ 的方差和正好是 $x_1,x_2,\cdots,x_n$ 的方差和(某指标变量的方差表示该变量取值的离散程度，就本书而言，方差表示各种方案关于某一指标取值的离散程度，如果取值没有区别的话，指标的方差会很小，此时在方案评价时此指标的参考价值会很小)。$y_1,y_2,\cdots,y_n$ 全面反映了 $x_1,x_2,\cdots,x_n$ 的变化情况，所以可称 $y_1,y_2,\cdots,y_n$ 为 $x_1,x_2,\cdots,x_n$ 的全部主成分分量。将 $x_1,x_2,\cdots,x_n$ 转换为 $y_1,y_2,\cdots,y_n$ 的原因：一是 $y_1,y_2,\cdots,y_n$ 的第一个或前几个变量的方差和可能达总方差的 85%、90% 以上，二是 $y_1,y_2,\cdots,y_n$ 不线性相关，它们反映了指标的不同方面。因此，选取几个主要成分作为 $x_1,x_2,\cdots,x_n$ 的代表是合理的。这也正是我们在水资源评价指标筛选时希望筛选方法能够做到的。

3.4 实例计算

根据 2000 年城市供水统计年鉴[7]，反映城镇供水能力和供水状况的指标共有 16 项。它们是水厂数、生产能力、供水管道总长度、年度供水总量、平均日供水总量、年度售水总量、漏失水量、漏

失率、用水人口总数、普及率、年度耗电总量、平均单位供水耗电量、年度销售收入、年度利润总额、年末固定资产原值、年末固定资产净值。由于有些省市某些指标值年鉴中没有反映，为了研究的需要，我们只选择了如表 3-1 所示的 12 个指标。

指标的预处理方法分两步：第一步将“逆向指标”转为“正项指标”，同时采用式(3-4)、式(3-5)进行归一化处理；第二步采用式(3-6)将所有指标进行标准化处理。

当指标 X_{ij} 越大越好时，令

$$Y_{ij} = \frac{X_{ij} - \min X_{ij}}{\max X_{ij} - \min X_{ij}} \tag{3-4}$$

当指标 X_{ij} 越小越好时，令

$$Y_{ij} = \frac{\max X_{ij} - X_{ij}}{\max X_{ij} - \min X_{ij}} \tag{3-5}$$

标准化公式为

$$Z_{ij} = \frac{Y_{ij} - \overline{Y}_j}{S_j} \tag{3-6}$$

式中：$\overline{Y}_j = \frac{1}{m}\sum_{i=1}^{m} Y_{ij}$；$S_j$ 为样本标准差，$S_j^2 = \frac{1}{m-1}\sum_{i=1}^{m}(Y_{ij} - \overline{Y}_j)^2$；$i = 1,2,\cdots,m$；$j = 1,2,\cdots,n$。

原始数据中第 1 个指标到第 10 个指标为正向指标，第 11、12 个为逆向指标。运用式(3-4)～式(3-6)可得全国 29 个省(市、区)指标的标准值，注意计算中未考虑台、港、澳的情况，内地陕西及西藏数据不全，处理后的数据不包括二者，结果见表 3-2。

按照 3.3.2 节主成分分析计算步骤，可求出表 3-2 对应的协方差矩阵的特征值，其按从大到小的顺序排列如下：

$\lambda_1 = 2.315$，　$\lambda_2 = 0.195$，　$\lambda_3 = 0.085$，　$\lambda_4 = 0.060$，

$\lambda_5 = 0.017$，　$\lambda_6 = 0.010$，　$\lambda_7 = 0.008$，　$\lambda_8 = 0.005$，

$\lambda_9 = 0.002$，　$\lambda_{10} = \lambda_{11} = \lambda_{12} = 0$

表 3-1 国内部分省(市、区)城市供水能力及用水状况指标

省(市、区)	水厂数总计(座)	综合生产能力(万 m^3/d)	耗电总量(万 kWh)	管道直径长度 75mm 以上(mm)	职工总数(人)	平均日供水总量(万 m^3)	售水量(万 m^3/a)	年末用水人口(万人)	普及率(%)	年销售收入(万元)	损失水量(万 m^3)	损失率(%)
北京	11	301.8	20 939	5 611.4	5 120	203	68 079.6	542.14	100	72 201	5 824.2	7.87
天津	5	195.7	13 111	2 838.8	2 390	120	3 663.78	427.65	100	33 562.17	6 883.9	15.73
河北	67	1 163.16	6 941.5	3 224.2	2 622	229	71 105.6	685.57	94.29	13 921	9 962.5	11.91
山西	46	147.85	6 514.4	2 888.9	1 756	112	37 053.5	518.13	93	20 230.03	3 862.2	9.43
内蒙古	34	74.32	2 638	1 654.1	2 576	59.8	18 820.2	273.22	73.72	5 998	2 818.9	12.91
辽宁	107	878.91	17 922	14 490	7 402	506	120 466	1 426.2	90	36 905.7	45 574	24.69
吉林	62	247.52	17 566	4 011	3 964	167	40 812.6	579	86	56 367.2	16 440	26.99
黑龙江	49	197.56	12 798	2 822.6	2 804	146	39 916.3	508.51	84.38	22 459	10 685	20.11
上海	13	717.67	33 119	7 168	10 079	500	148 924	937.82	100	106 826	28 254	15.49
江苏	88	932.6	13 090	8 092.9	2 795	549	171 597	1 252.4	86.81	24 992.22	27 737	13.83
浙江	77	587.95	9 533.6	7 985.5	1 728	344	99 856	722.4	99.87	26 189	22 844	18.22
安徽	45	382.5	2 332.8	3 025.3	993	219	63 334.6	399.9	98.73	11 637.6	7 053.7	8.81
福建	43	376.2	7 103.8	3 391.8	1 534	213	66 484.8	452.93	94.2	18 086.08	6 011.5	7.74
江西	46	246.5	7 547.4	5 070	1 647	170	49 065.5	395.95	84.53	12 798.16	11 999	19.33
山东	144	674.26	9 259	10 569	3 053	388	119 730	1 209.5	99.71	17 498	19 123	13.5

续表 3-1

省(市、区)	水厂数总计(座)	综合生产能力(万 m^3/d)	耗电总量(万 kWh)	管道直径长度 75mm 以上(mm)	职工总数(人)	平均日供水总量(万 m^3)	售水量(万 m^3/a)	年末用水人口(万人)	普及率(%)	年销售收入(万元)	损失水量(万 m^3)	损失率(%)
河南	99	523.42	7 410.3	5 770.7	3 542	304	89 831.8	933.32	86.63	17 992.31	21 211	19.1
湖北	72	2 496.3	21 003	6 557.1	5 082	493	146 311	942.32	86.76	34 011	31 845	17.69
湖南	46	543.8	12 872	4 406	1 740	346	106 553	625.6	98.23	21 453	23 834	18.85
广东	128	1 719.1	34 659	16 372	4 343	1 159	362 318	1 879.5	95.81	100 735	51 940	12.28
广西	47	314.8	6 132.3	2 545.4	1 409	184	60 697.3	420	94.89	13 198.42	6 482.4	9.64
海南	21	115.63	3 386.1	1 211.3	1 290	53.1	14 229.4	131.1	95.03	8 332.8	5 242.5	27.03
重庆	9	126.5	22 036	955.6	2 856	84.3	26 152.3	258.7	71.13	22 804	2 612.7	8.49
四川	77	345.05	2 513.7	4 699.4	1 886	204	62 257.8	655	92.8	19 851	11 451	15.41
贵州	28	96.45	6 466.7	1 233.7	931	72.5	19 295.6	267.92	82.65	9 185	5 030	19.01
云南	31	86.86	5 396.6	2 229.1	1 619	100	30 968.5	272.19	94.83	17 467.47	5 506.3	15.05
陕西	36	182.8	7 281.3	2 201.2	2 551		38 335	416.95	94.25	16 884.18		
甘肃	16	145.2	8 468.3	1 114.6	2 673	121	31 282.1	228.41	84.85	13 584.25	5 304.2	12.01
青海	9	59.59	1 120	734	905	91.9	8 918	88.14	96.49	3 079.7	2 235.2	6.66
宁夏	17	31.59	1 679	677.29	836	38.6	6 860.28	77.7	85.76	3 132	684	36.77
新疆	8	58.7	957	631.8	874	23.8	15 544	166.73	78.5	8 657	1 678.3	19.36
西藏						43.2					236	1.5

表 3-2　处理后指标值

省(市、区)	水厂数总计	综合生产能力	耗电总量	管道直径长度75mm以上	职工总数	平均日供水总量	售水量	年末用水人口	普及率	年销售收入	损失水量	损失率
北京	−1.04	−0.32	1.14	0.27	1.13	−0.20	−0.06	−0.12	1.17	1.75	0.61	1.19
天津	−1.21	−0.51	0.26	−0.43	−0.19	−0.55	−0.95	−0.39	1.17	0.27	0.52	0.04
河北	0.46	1.25	−0.44	−0.34	−0.07	−0.08	−0.02	0.21	0.45	−0.49	0.29	0.60
山西	−0.10	−0.60	−0.49	−0.42	−0.49	−0.59	−0.49	−0.18	0.29	−0.25	0.75	0.96
内蒙古	−0.43	−0.73	−0.93	−0.73	−0.10	−0.81	−0.74	−0.75	−2.12	−0.79	0.83	0.45
辽宁	1.54	0.74	0.80	2.52	2.24	1.11	0.66	1.93	−0.08	0.39	−2.41	−1.27
吉林	0.33	−0.42	0.76	−0.14	0.57	−0.35	−0.44	−0.04	−0.59	1.14	−0.20	−1.61
黑龙江	−0.02	−0.51	0.22	−0.44	0.01	−0.44	−0.45	−0.20	−0.79	−0.16	0.24	−0.60
上海	−0.99	0.44	2.51	0.66	3.53	1.08	1.06	0.79	1.17	3.08	−1.10	0.07
江苏	1.03	0.83	0.25	0.90	0.01	1.30	1.37	1.53	−0.48	−0.06	−1.06	0.32
浙江	0.73	0.21	−0.15	0.87	−0.51	0.41	0.38	0.29	1.15	−0.02	−0.69	−0.33
安徽	−0.13	−0.17	−0.96	−0.39	−0.86	−0.12	−0.13	−0.45	1.01	−0.58	0.51	1.05
福建	−0.18	−0.18	−0.42	−0.29	−0.60	−0.15	−0.08	−0.33	0.44	−0.33	0.59	1.21
江西	−0.10	−0.42	−0.37	0.13	−0.54	−0.34	−0.32	−0.46	−0.77	−0.53	0.14	−0.49
山东	2.53	0.36	−0.18	1.52	0.13	0.60	0.65	1.43	1.13	−0.35	−0.40	0.37

续表 3-2

省(市、区)	水厂数总计	综合生产能力	耗电总量	管道直径长度 75mm 以上	职工总数	平均日供水总量	售水量	年末用水人口	普及率	年销售收入	损失水量	损失率
河南	1.32	0.09	−0.39	0.31	0.37	0.24	0.24	0.78	−0.51	−0.33	−0.56	−0.45
湖北	0.60	3.69	1.15	0.51	1.11	1.06	1.02	0.80	−0.49	0.28	−1.37	−0.25
湖南	−0.10	0.12	0.23	−0.04	−0.50	0.42	0.47	0.07	0.95	−0.20	−0.76	−0.42
广东	2.10	2.27	2.69	2.99	0.76	3.92	4.00	2.98	0.64	2.85	−2.90	0.54
广西	−0.08	−0.29	−0.53	−0.51	−0.66	−0.28	−0.16	−0.41	0.53	−0.52	0.56	0.93
海南	−0.77	−0.66	−0.84	−0.85	−0.72	−0.84	−0.80	−1.08	0.55	−0.70	0.65	−1.62
重庆	−1.10	−0.64	1.26	−0.91	0.04	−0.71	−0.64	−0.78	−2.45	−0.15	0.85	1.10
四川	0.73	−0.24	−0.94	0.04	−0.43	−0.19	−0.14	0.14	0.27	−0.26	0.18	0.09
贵州	−0.59	−0.69	−0.49	−0.84	−0.89	−0.76	−0.73	−0.76	−1.01	−0.67	0.67	−0.44
云南	−0.51	−0.71	−0.61	−0.59	−0.56	−0.64	−0.57	−0.75	0.52	−0.35	0.63	0.14
甘肃	−0.91	−0.60	−0.27	−0.87	−0.05	−0.55	−0.57	−0.85	−0.73	−0.50	0.64	0.58
青海	−1.10	−0.76	−1.10	−0.97	−0.90	−0.67	−0.88	−1.18	0.73	−0.91	0.88	1.37
宁夏	−0.88	−0.81	−1.03	−0.98	−0.94	−0.90	−0.90	−1.20	−0.62	−0.90	1.00	−3.04
新疆	−1.12	−0.76	−1.12	−0.99	−0.92	−0.97	−0.78	−1.00	−1.52	−0.69	0.92	−0.49

注:因陕西、西藏部分数据不完整,故处理后的指标值不做显示。

前三个主成分的贡献率及累积贡献率可用图 3-1 来表示。其中,第一主成分的贡献率 $\gamma = 86.3\%$。

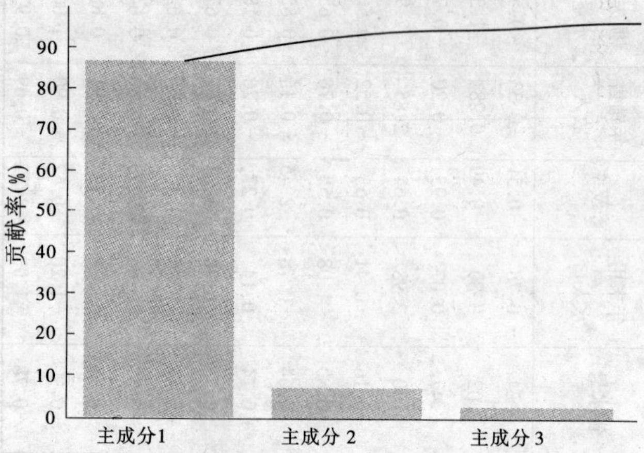

图 3-1　主成分的贡献率及累积贡献率

最大特征值对应的特征向量为 $\alpha = (0.28, 0.29, 0.27, 0.35, 0.24, 0.35, 0.34, 0.35, 0.06, 0.25, -0.37, -0.07)$。于是可以写出对应的主成分为 $y = \sum_{i=1}^{n} \alpha_i x_i$,其中 α_i 为特征向量α 中的第 i 项。各项指标在第一主成分中所起的作用与系数的绝对值大小相对应。由于第 9 项指标和第 12 项的绝对值相对很小,因此可以将其从评价指标中删除。

3.5　成果分析

(1)主成分分析原本是一种综合评价的方法,但由于表示主成分的线性函数的系数传递了这样的信息:其绝对值的大小反映了对应指标在综合评价中的作用,因此可用此结论判断指标在评价中的价值,进而剔除那些在评价中作用不大的指标。实例的计算结果验证了这种想法。

(2)主成分分析法中,由于主成分是原指标的线性组合,线性组合中的系数其实可以看成各指标的权重,它反映了各指标在综合评价中的作用,因此该法可以用来确定指标权重。

(3)本次所选问题的计算结果第一主成分的贡献率达85%以上,第一个主成分量就能较好地反映原指标,这是非常幸运的。如若不然,比如说第一个主成分量贡献率不到50%,第一个主成分就不能反映 $x_1,x_2,\cdots,x_n$ 的变化情况。这时,就要考虑第二、第三主成分量。若应用主成分分析方法不能解决问题,就要用到因子分析、pp方法等其他方法,计算难度将加大。

(4)当初始指标的数据比较复杂时,进行数据预处理的工作量可能较大。

(5)定量筛选指标是重要的,但也不能忽视经验的作用。实际工作中,只有定性与定量方法结合使用,才能确定出质量高的评价指标。

水资源多属性决策评价指标众多,尽管评价指标体系应该牵涉到多方面的因素,但必须根据研究区具体的水文、水文地质条件及研究问题的具体需要,有选择性地选取最有代表性、关键性的指标,尽量舍弃一些与研究目的关系不大的次要指标,只有这样才能抓住确定水资源开发模式的关键,同时所建立的评价指标体系也才能便于数学模型的套用。

3.6 小 结

指标筛选是对初始指标的精选,是后续指标权重确定及多属性评价决策的前提和基础。本章综述了目前国内外水资源评价指标筛选的研究现状及其存在的问题,介绍了降维技术主成分分析方法的基本思想及计算方法,并将其应用到水资源调配评价指标的筛选问题中。结果显示,通过计算筛选出的指标对原指标具有较好的代表性。由于指标数量的减少简化了水资源评价问题的难度,该法在区域、流域乃至全国水资源规划工作中有重要的实用价值。

参考文献

[1] 沈珍瑶,杨志峰.黄河流域水资源可再生性评价指标体系与评价方法[J].自然资源学报,2002,17(2):188~196.

[2] 陈东景,等.因子分析法在水质评价中的应用[J].水文,2002,22(3):29~31.

[3] 项静恬,史久恩.非线性系统中数据处理的统计方法[M].北京:科学出版社,2000.

[4] 张文修,吴为志.粗糙集理论与方法[M].北京:科学出版社,2001.

[5] Bellman R E. Adaptive Control Processes[M]. Princeton: Princeton Univ, 1961.

[6] 胡永宏,贺思辉.综合评价方法[M].北京:科学出版社,2000.

[7] 中国城镇供水协会.2000 年城市供水统计年鉴[S].2000.

第 4 章　混沌优化算法在非线性约束规划问题中的应用

4.1 引　言

在浩瀚的宇宙之中,存在着各式各样的事物,尽管其变化的形式各异,但归纳起来不外乎遵循三种规律,一类是确定性规律,一类是随机性规律,还有一类是介于二者之间的规律,即所谓的混沌(Chaos)性规律。混沌现象是指由确定方程所描述的系统中的随机现象,有时也称为确定性随机现象。

混沌性规律的特征有解对初始值的高度敏感性、相空间的遍历性、系统的内在随机性。利用混沌的这些典型特征,可以将其运用到优化计算中,从而产生了有别于以往优化算法的新算法。

在国内,对这种算法的研究是近几年的事。1997 年,李兵等应用混沌优化算法对一类连续复杂现象的优化问题进行了优化,发现该算法的效率比一般的随机优化算法如 SAA、CA 等要高得多,而且使用方便[1]。1998 年,钱富才等把共轭梯度法与混沌优化方法相结合,提出了一种混合优化算法。该算法能使共轭梯度法跳出局部最优,最终获得全局最优。对算法的收敛性也进行了证明,仿真结果表明算法是有效的[2]。1999 年,金敏等提出了集变焦混沌优化技术和专家控制方法为一体的焦炉燃烧控制系统设计方案,给出了系统的总体设计思想和结构框图,详细阐述了系统的工作原理[3]。许海平等将变尺度混沌优化方法应用于电厂经济运行计算中,利用混沌变量的遍历特性,通过线性映射把寻优变量映射到混沌变量区间,从而保证能够得到全局最优解，结果表明该法可行但计算时间略长[4]。权先璋等将混沌优化应用于水电站经济负荷分配问题中,获得了与动态规划方法相同的结果。混沌方法提高了计算速度、减小了维数灾[5]。王宁等将混沌序列嵌入遗传算法的过程中,改善了遗传算法中存在的早熟现象,并且具有更快的收敛速度[6]。2000年,欧阳红兵等对电磁式在线自动平衡头结构参数进行了混沌优化[7]。唐巍等提出了一种应用混沌优化理论求解电力系统经济负荷分配的方法,仿真结果表明，该方法搜索速度快、求解精度高、易于掌握，是解决电力系统经济负荷分配问题的有效手段[8]。他还研究了混沌优化方法中混沌变量的初值设定和载波过程中放大倍数等参数调整的实用方法。在此基础上，为了克服BP网络收敛速度慢和易陷入局部极小点的不足，提出了基于混沌优化的BP网络学习算法,该方法主要利用混沌运动的遍历性为梯度算法创造一个良好的搜索界面,仿真结果表明,把混沌优化方法用于神经网络权值优化，方法简单可行，搜索速度快，是一种有效的新途径[9]。张春慨等应用改进的混沌优化方法研究了一类非线性约束优化问题,结果表明，与已有的直接搜索方法相比，该算法简单，容易实现,求解精度、收敛速度和可靠性较高,满足约束的效果较好，是解决优化问题的有效方法[10]。潘永湘等将混沌优化应用于一类复杂非线性时变过程的模糊控制规则优化中，提出了一种利用混沌进行模糊规则参数优化的方法。仿真结果表明，该算法具有较强的全局搜索能力和较快的搜索速度，是一种实用的优化策略[11]。骆晨钟等提出了一种用混沌搜索求解非线性约束优化的新方法,利用罚函数思想将约束问题无约束化，再利用混沌的内在随机性与遍历性进行求解。算例仿真结果表明，该算法简单实用，性能良好，是解决非线性约束优化问题的有效途径[12]。

从以上内容可以看出,目前混沌优化解决非线性约束问题的思路是采用罚函数的方法,该法对于解决约束函数不太复杂的非线性优化问题是可行的,但增加了目标函数的复杂性。求解过程中还面临选择罚因子的问题。因此,寻求新的不使用罚函数的算法很有价值,本书提出了一种将约束问题的可行域嵌入混沌二次载波的过程中的算法,并应用于实例进行了验证。

4.2　混沌优化方法

4.2.1　混沌优化方法求解问题的思路

非线性规划处理的问题是在等式和(或)不等式约束下对某个目标函数求出最优解。一般表示为[13]

$$\left.\begin{aligned} &\min f(X) \\ \text{s.t. } & g_i(X) \geqslant 0, i = 1,2,\cdots,m \\ & h_j(X) = 0, j = 1,2,\cdots,l \end{aligned}\right\} \tag{4-1}$$

式中:$X \in E^n$,$f(X)$为目标函数(objective function);$g_i(X)$、$h_j(X)$为约束函数(constrain function),这些函数中,至少有一个是非线性函数。

约束条件有时用集合形式表示,令$S=\{X \mid g_i(X) \geqslant 0, i=1,2,\cdots,m; h_j(X)=0, j=1,2,\cdots,l\}$,称 S 为可行集或可行域(feasible region),S 中的点称为可行点[1,10,12]。

为了求得式(4-1)的解,可以采用罚函数方法、广义既约梯度法 (GRG)、逐次二次规划法 (SQP)等。但是,这些方法都是基于梯度寻优的思想,要求目标函数和约束条件连续、可微,且往往只能得到局部极值点。其中罚函数方法是以增加目标函数的复杂性为代价的,求解过程中还面临选择罚因子的问题。近年来研究得较多的遗传算法(GA),虽然其思路清晰,但计算过程中存在“早熟现象”,且交叉概率、变异概率的选择对问题的解都有较大的影响。

本书解决式(4-1)的思想是对目标函数不作变动,考虑 Logistic 方程式(4-2)生成的混沌序列,将其放大到包含可行域 S 的一个区域内,从中搜索属于 S 的点,然后通过比较、迭代最终求出问题的最优解。Logistic 方程最早是作为描述生物种群系统的演化行为而提出的模型,后来 Fegenbaum 用形式简单的 Logistic 映射进行迭代时发现了混沌。现在 Logistic 模型已经成为混沌研究的最典型模型之一,Logistic 方程为

$$x_{k+1} = \lambda \cdot x_k \cdot (1 - x_k), x_k \in [0,1] \tag{4-2}$$

式中:λ 为控制参数,取值在 0~4 之间。

Logistic 映射是[0,1]上的不可逆映射。当 λ 取值为 4 时,系统处于混沌状态,任意取初始点,可以得到在[0,1]上遍历的点列。用 Logistic 方程来生成混沌序列,此序列也叫混沌变量,将其转化成在优化问题解空间中作混沌遍历的变量,通过搜索寻找问题的最优解。具体求解过程如下。

4.2.2 混沌优化方法求解步骤

设式(4-1)中 X 的维数为 M,$X=[x_1,x_2,\cdots,x_M]$,$x_i \in [d_i, e_i]$。

混沌优化方法求解该问题的基本步骤如下。

步骤 1 算法初始化:置 $k=1$,随机生成 M 个初值 $x_{i,k}$,令

$$x'_{i,k} = d_i + (e_i - d_i) \cdot x_{i,k} \tag{4-3}$$

当其构成的向量 $X_k' \in S$ 时,令 $X^* = X'_k$,$f^* = f(X^*)$,否则重复步骤 1 直到获得满足条件的 X_k。

步骤 2 置最大迭代步数 N,将 X_k 代入式(4-2)迭代生成混沌向量序列$\{X_k\}_{k=2,3,\cdots,N}$,将混沌序列按式(4-3)进行载波,对得到的 X'_k 进行可行性检验,如果通过检验,有 $f(X_k') < f(X^*)$,那

么 $X^*=X'_k$，$f(X^*)=f(X'_k)$，否则令 $k=k+1$，对 X'_{k+1} 进行检验，重复步骤 2 直到 $f(X^*)$ 的值只有微小的变化，或者满足最大迭代次数。

步骤 3　设定循环次数，按式(4-4)进行二次载波，令 $Z_k=X^*$，Z'_{k+1} 为由 Logistic 映射生成的混沌序列，再令 $\alpha=0.000\,1*(e'-d')$，此系数可根据具体问题进行设定，则

$$Z_{k+1}=Z_k+\alpha*Z'_{k+1} \tag{4-4}$$

如果 $f(Z_{k+1})<f(Z_k)$，那么 $Z_k=Z_{k+1}$，$f(Z_k)=f(Z_{k+1})$，否则令 $k=k+1$，对 Z_{k+1} 进行检验，重复步骤 2 直到 $f(Z_k)$ 的值满足精度要求，或者满足最大迭代次数。最终的 Z_k 即为所求解，$f(Z_k)$ 为最优值。

由于非线性约束规划问题主要难点之一在于解空间的维数较大时造成的困难，而优秀数学软件 Matlab 的最大特点是处理多维向量和矩阵问题很方便，因此本章在下面的实例计算中采用 Matlab 进行编程。

4.3　实例计算

【例 4-1】　求解式(4-5)所示单目标规划问题[14]

$$\left.\begin{aligned}
&\max f(x)=\frac{x_1^2x_2x_3^2}{2x_1^3x_3^2+3x_1^2x_2^2+2x_2^2x_3^3+x_1^3x_2^2x_3^2}\\
&\text{s.t.}\quad x_1^2+x_2^2+x_3^2\geqslant 1\\
&\qquad x_1^2+x_2^2+x_3^2\leqslant 4\\
&\qquad x_1,x_2,x_3>0
\end{aligned}\right\} \tag{4-5}$$

图 4-1 中的阴影部分表示可行域在 $x_3=0$ 处的横截面。从图中可以看出，可行域是非凸的。从式(4-5)可以看出，目标函数非线性程度较高，解空间的维数为 3，如果使用一般的梯度解法，

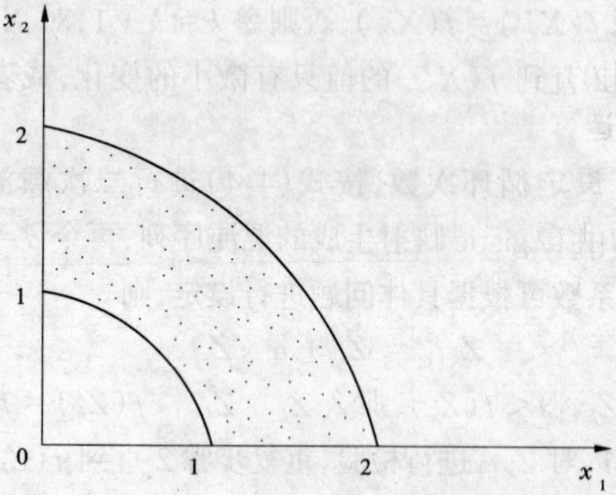

图 4-1 可行域在 $x_3=0$ 处的横截面

或罚函数法,求解很困难。文献[14]利用实数编码的遗传算法对其求解,得到了不错的结果。本书利用混沌优化算法对其求解,以便验证该算法的可行性,并研究算法的特点。实际编制的程序由3个m-文件构成,一是约束函数 f_subject.m,二是目标函数 f_object.m,三是主程序文件。

在Matlab的命令行窗口执行 f_opt.m,结果 $f(X^*)=0.153\ 6$,与目标函数的最大值0.153 7非常接近。反复运算该程序,发现计算结果都很稳定,调整步骤2及步骤3的步数,作者发现步骤2最小迭代次数为1 000,步骤3最小迭代次数为200,而200小于1 000,结果发生较大偏差。

另外,还发现当 α 值在0.000 1~0.01之间变动时,对结果影响不大,证明算法对参数有很好的稳定性。

4.4 小结

通过实例仿真运算,本章提出的在可行域中进行两次载波的混沌优化算法,对于求解一类非线性约束问题方便可行。对比文献[14]中使用的遗传算法,混沌优化算法原理更加明了,计算过程更加简单,但运算结果的精度却不比遗传算法差。与文献[12]提出的精确罚函数方法比较,两种方法各有利弊,精确罚函数方法增加了目标函数的复杂性,增加了选择罚因子的手续,而本书提出的方法虽然解决了此问题,却是以增加在 S 中的搜索时间为代价的。不过,对于求解复杂的约束问题,在计算机计算速度日益提高的今天,这种代价是值得的。

本章研发算法主要目的是为求解协商权重模型、组合权重模型以及群决策理想决策者模型这一类非线性、多维问题提供支持。

可以预言,随着混沌优化方法研究的不断深入,一方面是自身的改进,另一方面是与其他优化方法耦合,混沌优化方法在解决多维、高度非线性的问题中将有更多的应用机会。

参考文献

[1] 李兵,蒋慰孙．混沌优化方法及其应用[J].控制理论与应用,1997,4(4):613～615.

[2] 钱富才,费楚红,万百五.利用混沌搜索全局最优的一种混合算法[J].信息与控制,1998,27(3):233～235.

[3] 金敏,沈德耀.变焦混沌优化焦炉燃烧专家控制系统[J].中国有色金属学报,1999,9(3):631～635.

[4] 许海平,等.电站多台机组经济运行算法研究[J].信息与控制,1999,28(1):58～63.

[5] 权先璋,等.混沌优化在水电站经济负荷分配中的应用[J].武汉水利电力大学学报,1999,32(5):13～15．

[6] 王宁,蔚承建,盛昭瀚.基于嵌入混沌序列的遗传算法[J].系统工程理论与实践,1999(1):1～7.

[7] 欧阳红兵,汪希萱.电磁式在线自动平衡头结构参数的混沌优化[J].中国机械工程,2000,11(5):557～559.

[8] 唐巍,李殿璞.电力系统经济负荷分配的混沌优化方法[J].中国电机工程学报,2000,20(10):36～40.

[9] 唐巍,张学义,李殿璞.神经网络权值的混沌优化方法研究[J].哈尔滨工程大学学报,2000,21(3):12～14.

[10] 张春慨,徐立云,邵惠鹤.改进混沌优化及其在非线性约束优化问题中的应用[J].上海交通大学学报,2000,34(5):593～599.

[11] 潘永湘,刘庆丰,高红梅.混沌在模糊控制规则优化中的应用研究[J].西安理工大学学报,2000,16(3):252～255.

[12] 骆晨钟,邵惠鹤.用混沌搜索求解非线性约束优化问题[J].系统工程理论与实践,2000,20(8):54～57.

[13] 马振华.现代应用数学手册(运筹学与优化理论卷)[M].北京:清华大学出版社,1998.

[14] 刘宝碇,赵瑞清.随机规划与模糊规划[M].北京:清华大学出版社,1998.

第 5 章　协商定权理论、方法和应用

5.1　引　言

综合评价中权重的确定非常关键,它直接决定着综合评价的结果。但目前对权重的研究成果还不能与权重的重要性相匹配,本章拟对国内外关于权重含义的理解及求解权重的方法作出综述,然后提出作者对权重的理解,并提出一种新的求解权重的方法。

“权重”一词最早出自于《韩非子·五蠹》“权重也”,意思是权力大,权柄重。但多属性综合评价中的“权重”一词的含义与上述解释并不一致。由于现代综合评价技术起源于西方,综合评价中相应的“权重”对应的英文单词是 weights,其中文释义与“权:称重、衡量”的意思相近。权威的韦氏大词典中,对“weight”的专业词义解释是:“在所考虑的群体(group)或系列(series)中赋予某一项目(item)的相对值”;“在一频率分布中某一项目(item)的频率”;“表示某一项目(item)相对重要性所赋予的一个数”。为了对“相对值(relative value)”作进一步的说明,相应释意的括号里还引用了一些学者的有关论述。其中,Saul Herner 的解释为:“给予最有用的首要因素以一个 10 的权,那么第二个最有用因素的权就应是 9。”综合评价中,“权”、“权重”的含义相同,是指为反映评价对象、评价者在综合评价中的相对重要性而赋予的实数值。针对评价指标权重必须反映三种意思:一是评价者对指标的偏好;二是评价指标相对评价目的的相对重要程度;三是该指标在评价中所提供的信息

量的大小。评价者可能是一个人,也可能是利益不同的一组人。也就是说,评价主体可以是一个,也可以是多个,本章研究的是后者。要使评价结果公平合理,任何一种定权方法确定的权重必须能正确反映上述三层含义,缺少任意一个都不是好的定权方法,在群定权重时,如何确定不同决策者的权重分布,目前的研究很少,这是以后需要解决的问题。本章主要研究在多决策主体,尤其是在利益冲突的情况下评价指标权重的确定,即群定权重问题。

关于权重的研究,目前在国内主要成果有德尔菲方法、头脑风暴法、AHP 方法、环比法、熵法、变异系数法、关联度法等。这些方法有些是主观判别法,有些是客观判别法,目前探索的前沿是主客观组合判别方法、群定权重和不完全信息情况下权重的确定方法,还有对权重稳定性的研究。1986 年席西民等曾经提出综合主观权重与客观权重的组合权重的方法[1]。主观权重指决策者对各指标的重视程度,客观权重包括各指标在决策中传输给决策者的信息量大小,各指标在决策者中的作用不同。

1987 年韩荣基于价值工程的概念提出了强制决定法、环比法,这两种方法简单实用,不过仍属于主观赋权的方法[2]。1989 年朱柏利用概率测度定义了权重系数函数,对具有相关性子系统的权重系数进行讨论并给出了具体的求法。朱柏的权重系数函数有较强的数学理论基础[3],但权重公式的整个推导过程过于抽象,以至于该法并没有得到广泛的应用。1989 年张爽等总结了已知的定权方法,把它们分为六大类:经验估计法、意义推求法、公式计数法、调查统计法、序列综合法、因子分析法[4]。张爽应用模糊数学的观点探讨了权重的内涵,提出了模糊权函数理论,认为权重就是模糊子集"重要"的隶属程度;在模糊权函数理论基础上又提出了 11 种定权方法和体系,给出了不同方法的适用范围。尽管提出的方法多,但都属于模糊集隶属度的赋权。1992 年闫皓等根据集值统计和模糊区间分析,并考虑到专家权重中的"权威质量"、"熟悉度"、"谨慎度"等指标提出了权重分析系统[5]。这种方法对处理半定性半定量指标的赋权问题较为方便。1993年王凡等对"权"的含义进行了深入的思考,提出了权的随机性、模糊性概念,称权为随机模糊数,对权的随机特征分析很有见地,王凡还对权值的稳定性问题进行了讨论。他把赋权法分为群体方法和个体方法,群体方法中又分统计均值法和定性排序定量转化法。个体方法有直接判断指定法和二元对比相对平均法[6]。1996年杨永泰等将权重决策的二级决策方法应用于环境系统质量评价,这种方法实质上是一种客观赋权方法,采用建立与求解多目标规划非线性规划的办法确定权重[7],尽管方法独特,但该法仍需要人为确定组合系数,因此定出的权重很难说有客观性。汤万金等提出了"专家可信度"的概念,在此基础上改进了群体确定权重分配方法[8]。但该方法对最低可信度的取值随意性较大,本质上,改进后的定权方法与专家评分法类似。刘宏将专家评判法与主成分分析法、灰色关联法有机结合起来,提出了一种综合赋权方法[9]。谢崇宝等在对层次分析法(AHP)进行研究的基础上,认识到专家思维具有模糊性,用固定数1~9标度具有人为性,认为要求专家给出的初始判断矩阵满足传递性是过于苛刻的,因为专家所给的仅是二元比较矩阵,它并不需要对多元关系的传递性负责[10]。谢崇宝等的研究表明改造后的判断矩阵是完全满足传递性的,因而也是无需调整的,而其理论特征向量又正好等于初始判断矩阵按方根法求得的近似权向量。1997年蔡辉等提出了权重整合的Bayes估计的收缩整合法[11],该法对于样本较小的情况较为适合。1999年吴秀云等将熵权的概念引入到水轮机的选型问题中,认为指标权重是一个不确定的量,可以由指标传递给决策者的信息量来度量,同一指标下各待选方案的属性值相差较大,指标传输给决策者的信息就比较多,因此该指标在综合评价中就较重要,权值就应该较大,若在某一指标下各方案的属性值相同,这一指标传输给决策者的信息量为零,决策者就不需要根据这一指标去评价不同方案,因此可以根据指标传输给决策者的信息量来确定指标的权重,信息论中的信息量大小是用熵值来度量的,因此熵值可以算作一种权值[12]。1999年王明文对群组决策中专家群组中专家权重的确定问题给出了一种客观赋权方法,并受Bayes观点的启发将此方法进一步完善,将主观权重与客观权重结合起来,这种结合方法在专家发挥水平理想的情况下能保持权重分配的一致性。本章研究内容为识别专家水平提供了一种新思路[13]。丁俭等以属性集和属性测度理论为基础,建立了样本空间、指标集、专家集和评语集的四维阵列模型,并提出了计算指标权重的方法,从文献中可以看出,丁俭给出的方法是主客观权重综合方法[14]。蔡辉等提出了权重整合的方差比法,该法不仅是一种实用的主客观权重的整合方法,而且具有统计学的依据,值得重视[15]。但蔡辉对权重作为随机变量服从正态分布论述不够。张伯生提出了一种求组合权重的方法,他称主观赋权为估权,使用的方法意义不是很明确,建立的求解最优客观权重模型也不能很好地解释最优客观权重的意义[16]。2000年曹庆奎等将熵权应用于水环境评价之中,得到了评价指标的客观权重,从计算结果来看,有时得到的权值较为平均[17]。杨苹等针对大型复杂系统故障诊断中的权重变化问题,提出和定义了变权重模糊综合评判模型,在模糊综合评判过程中,各评判因素对于不同评判等级具有不同权重的问题在新模型中得到恰当的描述[18]。时光新等的研究发现熵权具有均衡化的缺陷,他将变异系数法应用于小流域效益评价中取得了较好效果[19]。2001年金新政等通过对优序图和层次分析法的比较研究,发现优序图用于确定权重时,具有简便、结果可靠、容易理解、便于管理者和使用者掌握及推广应用等优点[20],但只能算是一种主观赋权方法。2001年刘健提出了利用基点计算权重的方法,该法选用同类问题中综合评价值已被公认合理的方案作为参考点(称为基点),若没有现成的参考方案,也可在待选的方案中任选一个作为基点,或人为创造一个基点方案,由专家组给出一个合适的综合评价值,利用基点法即可计算各分目标的权重,该法所需信息量小,容易达成一致意见[21]。陶菊春等依据优化理论,推导出了一种兼顾主观偏好和客观信息的综合权重赋值法[22]。与以往这类方法一样,优化模型的“事理”意义没有阐述清楚。庞彦军等用相似数定义相似权,给出了一种按客观性标准确定指标权重的方法[23]。贺佳等对专家咨询权数法、因子分析权数法、信息量权数法和独立性权数法四种方法所得赋权结果进行了研究分析[24],这一点在其他文献中是看不到的。王靖等以企业技术创新能力评价排序问题为实证范例,对德尔菲法、层次分析法、熵值法和模糊聚类分析法测定评价指标权重的可信度做了比较研究,探索各自的适用范围和优缺点,通过理论分析特别是实证比较,认为样本数据完整,则熵值法可信度较高;如果缺乏样本数据,则应采用AHP法,可信度高于德尔菲法;若样本中含有大量的模糊数据,且同一层次指标个数较多,应先采用模糊聚类分析法分类,再用AHP法分别求子类的权重较好[25]。这篇文献对于各种主客观赋权方法的适用范围做了较深入的研究。白若玉等提出了从定性判定差异,再对差异量化处理确定不同目标权重的思路[26],该法的优点是避免了直接确定重要性比值的困难,该法属于主观赋权法。孙会君等提出了应用人工神经网络确定评价指标权重的方法,它是由在训练好的网络上神经元之间连接权值组合而成的[27],最终权值到底是依据什么信息得到的,他并没有讲清楚。不过孙会君提出的权重应该不断修正,即权重的学习过程是值得重视的。他思考问题的方式也很独特,以前的赋权行为都是在评价结果出来以前,而人工神经网络定权的方法却是根据评价结果对指标的权重问题进行分析,赋权的最终目的是为了进行评价,如果不赋权就能够得出评价结果,这样的评价方法有其存在的合理性。余龙提出了采用区间数确定目标间权重的新思路，并分析了闭区间数引入权重的适用问题[28]。徐泽水研究了目标权重未事先确知的多目标决策问题，提出了一种先进行局部优化再组合赋权并对方案排序的两阶段决策方法[29]。该法不仅避免了获取偏好信息的困难，而且利用了规范化评价的先验信息，评价结果较为客观可靠。郑双忠将层次分析法应用于城市建筑火灾的危险严重程度判别中[30]。宋之杰等在主成分分析中引入专家打分的办法，提出了一种主客观结合的赋权思路[31]，单从思路上讲，这的确是一种创新，以往的做法通常是将主观赋权与客观赋权得到的权重通过某种函数进行综合。2002 年陈守煜等基于二元比较的思想，提出了相邻目标相对重要性模糊标度值的概念，在此基础上进一步提出了求解目标权重的递推算法[32]。

除了上述文献外，其他都是关于 AHP 方法的改进、与其他方法的比较或者与其他方法综合的赋权方法[33~49]。

5.2 群组定权的基本概念与方法

多属性决策理论中，式(5-1)是常用模型

$$y = f(x_j, w_j \mid j = 1,2,\cdots,m) \tag{5-1}$$

式中：x_j 为第 j 个指标的指标值，该指标值是规范化后的效用值，或是由下层指标考虑权重后的集聚值；w_j 为第 j 个指标的权重值。

权重问题是多属性决策理论的核心问题之一，定权方法有很多，粗分为主观定权法和客观定权法。主观定权法中，目前大多是单人定权法或利益一致的多人定权法。在实际问题中，常常存在这样的现象，定权者为两人、两单位以上，他们之间对指标的认识不一致，有时甚至是相左的。郭亚军将这类定权问题称为“协商评价问题”(Bargaining Evaluation Problem，简称为 BEP)[50]。

设有 m 个指标 $x_1, x_2, \cdots, x_m$，这 m 个指标反映了客观对象

的各个特性,因此每个方案对应的 m 个指标值就是一个样本值,它是一个 m 维向量。如果有 n 个方案,就有 n 个 m 维向量,用矩阵 X 表示就有

$$X_{n\times m}=\begin{bmatrix} x_{11} & x_{12} & \cdots & x_{1m} \\ x_{21} & x_{22} & \cdots & x_{2m} \\ \vdots & \vdots & & \vdots \\ x_{n1} & x_{n2} & \cdots & x_{nm} \end{bmatrix} \tag{5-2}$$

其中每一行就是一个方案的指标值,假设评价指标值 x_{ij} 已知(若指标为定性指标也存在群组定值问题),需要弄清的问题是,在定权者看法不一致或利益冲突时,各方如何通过协商将各指标的权重确定下来。

5.2.1 点赋值

5.2.1.1 两人定权问题

记定权者分别为 P 和 Q,设 P 赋予指标 x_j 的权为 p_j,且 $p_j\geqslant 0$, $\sum_{j=1}^{m}p_j=1$;Q 赋予指标 x_j 的权为 q_j,且 $q_j\geqslant 0,\sum_{j=1}^{m}q_j=1$。

定义 5.1 称区间

$$D_j=[\min\{p_j,q_j\},\max\{p_j,q_j\}],j=1,2,\cdots,m \tag{5-3}$$

为定权者 P 和 Q 关于指标 x_j 的协商区间。

定义 5.2 对于协商区间 D_j,分别称

$$l(D_j)=\max\{p_j,q_j\}-\min\{p_j,q_j\} \tag{5-4}$$

$$mp(D_j)=(p_j+q_j)/2 \tag{5-5}$$

为区间宽度和区间中点。

引理 5.1 协商区间 D_j 是有宽度的且非对称的,即 $l(D_j)>0,mp(D_j)>0$。

定义 5.3 对于协商区间 D_j,称映射

$$\varphi_j = \varphi(D_j) = mp(D_j) + \varepsilon_j \cdot l(D_j), j = 1,2,\cdots,m \tag{5-6}$$

为定权者 P 和 Q 关于指标 x_j 的协商因子，ε_j 为协商系数。

引理 5.2 若 $|\varepsilon_j| \leqslant 1/2$，则映射 $\varphi: D_j \to D_j$ 是满的。

协商系数 ε_j 有明确的直观意义，如取 $0 < \varepsilon_j < 1/2$，则定权的协商过程中就高不就低，即在协商过程中将以 $\max\{p_j, q_j\}$ 一方为主；如取 $-1/2 < \varepsilon_j < 0$，则协商时就低不就高，即在协商过程中将以 $\min\{p_j, q_j\}$ 一方为主。特别地，$\varepsilon_j \equiv 0$ 时，称式(5-6)为完全均衡型，此时表明定权者 P 和 Q 在协商中的地位是均等的。其实，因为定权者的权利等级和对事物的认识水平都存在着差异，所以协商过程一开始就有可能取定 $\varepsilon_j \equiv \varepsilon_0 \neq 0$，此时称式(5-6)为完全主从型的。

定义 5.4 对于协商因子 φ_j，称

$$w_j = \frac{\varphi_j}{\sum_{i=1}^{m} \varphi_k}, j = 1,2,\cdots,m \tag{5-7}$$

为指标 x_j 经协商产生的权重，简称为协商权重，也可称为群定权重。

由上可以看出，协商权重的大小取决于协商系数的选取。对于完全主从型问题，文献中提出了两种获得协商系数 ε_j 的途径。

(1)赋值法。定权者 P 和 Q 就协商系数 ε_j 的取值达成协议，当然 ε_j 应满足 $|\varepsilon_j| \leqslant 1/2$。此种方法主观色彩太浓，减少了协商系数的可信赖性。但此法简单易行，易于被实际工作者掌握使用。

(2)最小损失法。为使群定权重能被各方接受，可定义损失函数

$$J(\varepsilon) = \sum_{i=1}^{n} [(y_i - y_{pi})^2 + (y_i - y_{qi})^2] \tag{5-8}$$

式中：$\varepsilon=(\varepsilon_1,\varepsilon_2,\cdots,\varepsilon_n)^{\mathrm{T}}$；$y_i=\sum_{j=1}^{m}w_j(\varepsilon)\cdot x_{ij}$；$y_{pi}=\sum_{j=1}^{m}p_j\cdot x_{ij}$；$y_{qi}=\sum_{j=1}^{m}q_j\cdot x_{ij}$。

寻找群定权重的问题转化为求解下面的非线性优化问题

$$\left.\begin{aligned}&\min J(\varepsilon)=\min\left\{\sum_{i=1}^{n}\left[(y_i-y_{pi})^2+(y_i-y_{qi})^2\right]\right\}\\&\text{s.t. }|\varepsilon_j|<\frac{1}{2},\varepsilon_j\neq 0,j=1,2,\cdots,m\end{aligned}\right\}\tag{5-9}$$

由式(5-6)、式(5-7)和式(5-9)可知，上述优化问题当指标个数较多时是一多维非线性问题，使用传统运筹学中的优化方法很难找到全局最优解。而近年来出现的遗传算法、模拟退火算法、混沌优化算法对于求解这类问题已经证明是有效的。

5.2.1.2　多人定权问题

设定权者共有 $n_g(n_g>2)$ 个，分别为 $P_1,P_2,\cdots,P_{n_g}$。P_i 赋予指标的权为 p_{ij}，$0\leqslant p_{ij}\leqslant 1$ 且 $\sum_{j=1}^{m}p_{ij}=1$。本次研究仅就完全主从型问题提出如下群定权方法。

对于给定的 p_{ij}，称

$$D_j=[\min_i\{p_{ij}\},\max_i\{p_{ij}\}],j=1,2,\cdots,m\tag{5-10}$$

为群协商区间。

称

$$\varphi_j=\varphi(D_j)=mp(D_j)+\varepsilon_j\cdot l(D_j),j=1,2,\cdots,m\tag{5-11}$$

为群协商因子。

式中：$mp(D_j)=\frac{1}{n_g}\sum_{i=1}^{n}p_{ij}$ 为协商区间中点(可以证明，区间中点正好是 n_g 的重心)；$l(D_j)=\max_i\{p_{ij}\}-\min_i\{p_{ij}\}$ 为协商区间的

宽度;ε_j 为协商系数。ε_j 可按下列方法得到:

(1)赋值法。同5.2.1.1节。

(2)最小损失法。定义损失函数

$$J(\varepsilon) = \sum_{i=1}^{n}\sum_{k=1}^{n_g}(y_i - y_{pk})^2 \tag{5-12}$$

式中:$\varepsilon=(\varepsilon_1,\varepsilon_2,\cdots,\varepsilon_n)^{\mathrm{T}}$,$y_i = \sum_{j=1}^{m} w_j(\varepsilon)\cdot x_{ij}$,$y_{pk} = \sum_{j=1}^{m} p_{kj}\cdot x_{ij}$。

定义 5.5

$$w_j(\varepsilon) = \frac{\varphi_j}{\sum_{i=1}^{m}\varphi_k}, j = 1,2,\cdots,m \tag{5-13}$$

寻找群定权重的问题转化为求解下面的非线性优化问题,称

$$\left.\begin{aligned} &\min_{\varepsilon} J(\varepsilon) = \min_{\varepsilon}\sum_{i=1}^{n}\sum_{k=1}^{n_g}(y_i - y_{pk})^2 \\ &\text{s.t. } |\varepsilon_j| < \frac{1}{n_g}, \varepsilon_j \neq 0, j = 1,2,\cdots,m \end{aligned}\right\} \tag{5-14}$$

为群定权重(求解方法同5.2.1.1节)。

5.2.2 区间赋值

实际问题中,由于各方面的原因,比如问题本身的复杂性、定权者的认识水平、定权信息不充分等,定权者不能给出权的定值,仅能给出对权值的估值区间。此时,可采用下面的方法确定权重。

5.2.2.1 两人定权问题

设定权者分别为 P 和 Q,设 P 对指标 x_j 的估权区间为(p_{1j}, p_{2j}),Q 对指标 x_j 的估权区间为(q_{1j}, q_{2j})。若

(1)$(p_{1j}, p_{2j})\cap(q_{1j}, q_{2j}) = \Phi$,则协商区间 D_j 由式(5-15)确定,当 $p_{2j} < q_{1j}$ 时

$$D_j = \left[\frac{p_{1j} + p_{2j}}{2}, \frac{q_{1j} + q_{2j}}{2}\right] \tag{5-15}$$

协商区间 D_j 由式(5-16)确定，当 $q_{2j}<q_{1j}$ 时

$$D_j=\left[\frac{q_{1j}+q_{2j}}{2},\frac{p_{1j}+p_{2j}}{2}\right] \tag{5-16}$$

(2) $(p_{1j},p_{2j})\cap(q_{1j},q_{2j})\neq\Phi$，则

$$D_j=[q_{1j},p_{2j}] \quad 当\ p_{1j}<q_{1j}<p_{2j}<q_{2j} \tag{5-17}$$

$$D_j=[q_{1j},q_{2j}] \quad 当\ p_{1j}<q_{1j}<q_{2j}<p_{2j} \tag{5-18}$$

$$D_j=[p_{1j},q_{2j}] \quad 当\ q_{1j}<p_{1j}<q_{2j}<p_{2j} \tag{5-19}$$

$$D_j=[p_{1j},p_{2j}] \quad 当\ q_{1j}<p_{1j}<p_{2j}<q_{2j} \tag{5-20}$$

由协商区间可得协商因子 φ_j，计算公式同式(5-4)、式(5-5)、式(5-6)。

区间赋权的群定权重 w_j 的计算公式同式(5-7)，其中的协商系数 ε_j 由式(5-9)算得。

5.2.2.2 多人定权问题

设定权者共有 $n_g(n_g>2)$ 个，分别为 $P_1,P_2,\cdots,P_{n_g}$。P_i 对指标 x_j 的估权区间为 $[p_{1ij},p_{2ij}]$，$0\leqslant p_{1ij}\leqslant p_{2ij}\leqslant 1$。记协商区间左右端点的期望值分别为

$$\bar{P}_{1j}=\frac{1}{n_g}\sum_{i=1}^{n_g}p_{1ij},\bar{p}_{2j}=\frac{1}{n_g}\sum_{i=1}^{n_g}p_{2ij} \tag{5-21}$$

期望协商区间宽度及期望协商中点如下

$$l(D_j)=\bar{p}_{2j}-\bar{p}_{1j} \tag{5-22}$$

$$mp(D_j)=\frac{\bar{p}_{1j}+\bar{p}_{2j}}{2} \tag{5-23}$$

协商因子 φ_j、ε_j 和群定权重 w_j 的计算公式同式(5-6)、式(5-9)和式(5-7)。

5.3 小　结

本章综述了权重的研究现状，重点研究了协商权重问题，建立

了协商定权模型，其求解算法已在第 4 章中论述，为后续各章在确定权重时提供了更多的理论及方法。

协商权重属于群定权重的一种，因此也可算是群决策的重要内容之一。群定权重是一个具有普遍性、面向实际的、具有广泛应用前景的课题，对该问题展开探讨，有利于完善综合评价的理论体系以及群决策理论，具有重要的学术价值。

参 考 文 献

[1] 席酉民，汪应洛，陶谦坎. 决策指标的估价方法及权的探讨[J]. 系统工程理论与实践，1986(3)：12～16.

[2] 韩荣. 价值工程. 北京：科学普及出版社[M]，1987.

[3] 朱柏. 相关子系统权重系数的确定[M]. 系统工程，1989，7(6).

[4] 张爽，王华东. 环境评价中的权重理论与方法初探[J]. 环境污染与防治，1989，11(4)：2～7.

[5] 闫皓，贺仲雄[J]. 权重分析系统. 系统工程与电子技术，1992(4)：41～45.

[6] 王凡，张耀良. 关于"权"及确定权重分配方法的探讨[J]. 系统工程，1993，11(5)：11～14，44.

[7] 杨永泰，马曼杰. 环境系统权重分配的二级决策[J]. 中国环境监测，1996，12(1)：34～38.

[8] 汤万金，李祥仪. 确定权重分配的一种实用方法[J]. 黑龙江矿业学院学报，1996，6(2)：84～86.

[9] 刘宏. 综合评价中指标权重确定方法的研究[J]. 河北工业大学学报，1996，25(4)：75～80.

[10] 谢崇宝，袁宏源，郭元裕. 多指标权重分配模型研究[J]. 华北水利水电学院学报，1996，17(4)：30～36.

[11] 蔡辉，倪宗瓒. 主客观权重系数及其整合[J]. 中国医院统计，1997，4(1)：1～3.

[12] 吴秀云，伏义淑. 熵权和水轮机模糊综合最佳选型[J]. 武汉水利电力大学(宜昌)学报，1999，21(1)：27～31.

[13] 王明文.群组决策中专家权重确定的主客观法[J].江西师范大学学报(自然科学版),1999,23(2):138～142.

[14] 丁俭,郑垂勇,赵敏.综合评判的属性测度四维阵列模型及权重确定方法[J].系统工程理论与实践,1994(4):47～50.

[15] 蔡辉,倪宗瓒.权重系数整合的方差比法[J].中国医院统计,1999,6(4):201～203.

[16] 张伯生.确定权重的一种综合方法[J].上海工程技术大学学报,1999,13(1):27～32.

[17] 曹庆奎,刘开展,张博文.用熵计算客观型指标权重的方法[J].河北建筑科技学院学报,2000,17(3):39～42.

[18] 杨苹,杨俊华,吴捷.变权重模糊综合评判模型及其在故障诊断中的应用[J].控制理论与应用,2000,17(5).

[19] 时光新,王其昌,刘建强.变异系数法在小流域治理效益评价中的应用[J].水土保持通报(Bulletin of Soil and Water Conservation),2000,20(6).

[20] 金新政,厉岩.优序图和层次分析法在确定权重时的比较研究及应用[J].中国卫生统计,2001,18(2):119～120.

[21] 刘健.在多目标决策中利用基点计算权重[J].系统工程理论与实践,2001(4):27～30.

[22] 陶菊春,吴建民.综合加权评价法的综合权重确定新探[J].系统工程理论与实践,2001(4):43～48.

[23] 庞彦军,刘开第,张博文.综合评价系统客观性指标权重的确定方法[J].系统工程理论与实践,2001(8):37～42.

[24] 贺佳,高尔生,楼超华.综合评价中权重系数及标准化方法的研究[J].中国公共卫生 (China Public Health),2001,17(11):1048～1050.

[25] 王靖,张金锁.综合评价中确定权重向量的几种方法比较[J].河北工业大学学报,2001,30(2):52～57.

[26] 白若玉,伦昕义.权重向量的一种新求法[J].基础自动化,2001,8(2):7～9.

[27] 孙会君,王新华.应用人工神经网络确定评价指标的权重[J].山东科技大学学报(自然科学版),2001,20(3):84～86.

[28] 余龙.闭区间数确定目标间相对权重探讨[J].武汉理工大学学报(交通科学与工程版),2001,25(1).
[29] 徐泽水.部分权重信息下多目标决策方法研究[J].系统工程理论与实践,2001(1):43~47.
[30] 郑双忠.城市建筑火灾评价指标及其权重处理[J].工业安全与环保,2001,27(11).
[31] 宋之杰,高晓红.一种多指标综合评价中确定指标权重的方法[J].燕山大学学报,2002,26(1):20~22,26.
[32] 陈守煜,黄宪成.确定目标权重和定性目标相对优属度的一种新方法[J].辽宁工程技术大学学报(自然科学版),2002,21(2):245~248.
[33] 徐泽水.群组决策中专家赋权方法研究[J].应用数学与计算数学学报,2001,15(1):19~22.
[34] 史本山.AHP中的指标权转换方法[J].系统工程,1996,14(1):69~72.
[35] 隋明刚,魏嶷.AHP中权重确定方法的探讨与改进[J].山西大学学报(自然科学版),2000,23(3):218~220.
[36] 吴晓梅,李梅霞.不确定型AHP计算权重向量的一种新方法[J].洛阳大学学报,1999,14(4):18~25.
[37] 樊治平,潘德惠.不确定性判断矩阵权重计算的一种实用方法[J].洛阳大学学报,1996,14(2):57~61.
[38] 傅道臣,张新兰.确定指标权重的一种改进方法[J].管理科学,1995(1):46~50.
[39] 贾华.层次分析法中权重算法的一种改进[J].武汉科技,1995,(3):25~30.
[40] 唐晓阳,肖焕雄.导流方案目标权重的确定及定性目标量化[J].长江科学院院报,1995,12(4):1~6.
[41] 徐百福.改进AHP法定权的浦东新区水质对比系数评价[J].四川环境,1994,13(1):42~45.
[42] 郑明,王芳,黄治斌.群组决策中求权向量的一种新方法[J].管理工程学报,2001(2):22~23.
[43] 张鸿志,晏飞.水环境质量综合评价中一种确定权重方法[J].内蒙古水利科技,1992(3):15~18.
[44] 武卫东,等.用AHP法确定通风系统方案优化指标的权重[J].上海理

工大学学报,2002,24(2):127～130.

[45] 魏邦龙.应用层次分析法(AHP)确定农业科研项目评估指标的权重[J].甘肃科学学报,1997,9(3):70～73.

[46] 朱茵,孟志勇,阚叔愚.用层次分析法计算权重[J].北方交通大学学报,1999,23(5):119～122.

[47] 李学平.用层次分析法求指标权重的标度方法的探讨[J].北京邮电大学学报(社会科学版),2001,3(1):25～27.

[48] 刘向阳.专家权威性权重与改进的群体决策 AHP 法[J].中国管理科学,1994,2(1):41～48.

[49] 郭文明,相景丽,肖凯生.群组 AHP 权重系数的确定[J].华北工学院学报,2000,21(2):110～113.

[50] 郭亚军.综合评价理论与方法[M].北京:科学出版社,2002.

第6章 区域用水水平的组合评价方法研究

6.1 引 言

水是可持续发展的关键因素,中国要走可持续发展的道路,必须高度重视水资源问题。目前中国水资源问题可归结为三个方面:洪涝灾害问题;水资源供需平衡问题;水生态环境问题。不同地区、不同时间存在的问题可能不同。华北地区、西北地区水资源短缺问题尤为严重,同时该地区的局部区域却存在着水资源浪费现象。要想缓解该地区由于水资源短缺造成的对社会经济发展的制约作用,加强用水管理尤为迫切。进行区域用水水平的评价是加强用水管理、提高水资源利用效率的有效措施。

为了加强用水管理,国家有关部门曾经针对水利工程的管理、工业用水考核指标等颁布过一些条例和规范。比如1980年水利部农田水利局颁发的《国营机电排灌站实行按八项技术经济指标考核的暂行规定》;1982年水利部颁发的《灌区管理技术经济指标》;1983年水利电力部颁发的《水电站经济调度考核暂行办法》;《取水许可技术考核与管理通则》(GB/T17367—1998);《评价企业合理用水技术通则》(GB/T7119—93);《工业用水考核指标及计算方法》(CJ21—87)等。

上述规范和条例针对性强,适用范围有限,均不适用于区域水资源用水水平的评价。衡量一个区域的用水水平是一件困难的事情。这是因为:一方面,用于测评的指标很多,这些指标之间也可能存在复杂的相关关系、隶属关系等;另一方面,用什么样的方法进行评价，指标的权重如何确定，目前国内外学术界还缺乏深入的研究。

区域用水水平的评价属于区域水资源评价的范畴。区域水资源评价问题可分为水资源评价、水资源开发利用评价、水旱灾害评价、水资源合理配置评价、水生态环境评价、水利工程的环境影响评价、水资源承载能力评价、水资源管理有效性评价、水资源紧缺度评价、用水水平或节水水平的评价。

国家图书馆的图书书目查阅结果表明，目前国内出版的水资源规划书籍中评价主要集中在区域地表水、地下水水量与水质部分，这种评价可以称之为“传统”水资源评价。维普文献数据库查阅结果表明，1989～2001 年国内公开发表的文章中，大多是研究水资源开发利用评价、水旱灾害评价、水利工程的环境影响评价，区域用水水平的评价文章很少见。2001 年阮本清曾就流域的用水水平评价方法进行了初步的较为系统的研究[1]，建立了流域用水水平评价指标体系及其层次结构，用多层次灰色关联综合评价方法对黄河下游沿黄地区进行了评价并得到了不错的结果，该成果是至今为止本书作者所能发现的唯一比较完整的区域(流域)用水水平评价的研究成果。

该项研究从评价指标体系的构建，到指标体系权重的分配、综合评价方法的选用等方面，还存在值得进一步研究的必要。比如说，指标体系层次结构建立的理论依据；在对指标的重要性缺乏了解的情况下考虑客观权重；灰色关联度方法并没有体现“灰色”的含义，怎样处理评价指标的不确定性问题等。针对这些问题，本书依据持续发展理论和系统科学原理建立区域用水水平的评价指标体系；利用资料本身提供的信息给出评价指标的权重；首次提出组合评价方法的新思路，并给出了具体的计算方法。

6.2 用水水平评价指标体系

6.2.1 指标体系构建的理论基础

区域用水水平的评价目的是为了加强用水方管理,提高水资源的利用效率,增强区域水资源可持续利用的能力,保障区域社会经济的可持续发展,同时又使得区域的生态环境保持良好状态。因此,指标体系的建立应遵循可持续发展的原理,选择那些对区域的可持续发展有较大影响的因素。

尽管对可持续发展的含义有多种解释,但其基本内涵是一致的,都包含发展的原则、协调性原则、公平性原则[2]。发展首先应讲求效益,效益包括经济效益、社会效益、生态效益,只有效益的发展才是真正的发展。发展必然要消耗资源,由于水资源的稀缺性,发展必然要关注水资源的使用效率。发展应是协调的,发展的同时,区域的人口、资源、环境、经济应是协调的,各个行业对水资源的使用应是适度的,评价时可以选择各行业的用水定额来反映。发展也应是公平的,公平包括代内公平和代间公平,评价区域的可持续发展和评价水资源的合理调配时公平性指标很重要,因此在评价区域的用水水平时应予以考虑。区域水资源的利用是否公平,可以从当地是否执行了公平性原则来评价,如如何执行、执行的效果如何等。为了能在评价时进行计算,可选用人均用水量、缺水率等指标。

6.2.2 指标体系的构建原则

区域(本书对象为灌区)用水水平指标的选定应遵循下列原则[3]。

(1)完整性。为了全方位地对不同地区或不同时间的用水水平有一个合理的评价，从理论上讲，所选指标应能覆盖整个指标空间，即所选指标至少是完备的。

(2)必要性。指标的个数并不是越多越好，如果指标之间的相关程度很高，信息的冗余度很大，势必会影响对用水水平的正确评判。因此，指标筛选时应剔除掉那些不必要的指标。

(3)重要性。反映一个问题的指标不一定唯一，有些指标的变化对用水水平的评价结果影响不大，保留这些指标只能增加评价计算的难度，而对综合评价并无益处。

(4)可比性。选取的指标值可能分布在不同的区域或者不同的时间，指标的选取应当能够使区域之间、不同时段之间有可比性，否则，不管评价方法多么完善，得出的评价结果都有可能是错误的。

(5)可操作性。可操作性有两层含义。一层含义是，指标体系不能过于庞大、结构不能过于复杂，这样就会找不到适合的数学方法对其进行评价。另一层含义是，指标可能是定性的，也可能是定量的。如果是定量的，一般不存在问题。关键是对于一些定性指标，如果不能将其量化，就不要将其留在指标体系内，否则，将使评价计算变得不可能。

(6)特殊性。由于区域之间在自然环境、社会经济等各方面的相异性，一个研究区与另一个研究区的评价指标不可能完全相同。不能将一个区域的评价指标体系生硬地搬到另一个地方去。应针对具体的区域设计不同的评价指标体系。

6.2.3　指标体系层次结构

根据评价指标体系构建的指导思想以及构建时应遵循的原则，建立如表 6-1 所示的区域用水水平评价指标体系层次结构。

表 6-1 区域用水水平评价指标体系层次结构

根指标	区域用水水平总指标							
第一层指标	区域工业用水水平			区域农业用水水平			区域生活用水水平	区域用水公平性
第二层指标	工业用水效益系数	工业用水定额	工业用水利用效率	农业用水效益系数	农业用水定额	灌溉水有效利用率	生活用水定额	公平性指标
叶指标	重工业用水效益系数,轻工业用水效益系数,能源工业用水效益系数,其他工业用水效益系数	重工业万元产值用水量,轻工业万元产值用水量,能源工业万元产值用水量,其他工业万元产值用水量	重工业用水重复利用率,轻工业用水重复利用率,能源工业用水重复利用率,其他工业用水重复利用率	小麦灌溉效益系数,玉米灌溉效益系数,棉花灌溉效益系数,其他作物灌溉效益系数	小麦灌溉定额,玉米灌溉定额,棉花灌溉定额,其他作物灌溉定额	渠系水利用系数,田间水利用系数,灌溉水利用系数	城市生活用水人均定额,农村生活用水人均定额	人均水资源量,缺水率
评价对象层	评价对象 1,评价对象 2,…,评价对象 m							

6.3　距离综合评价方法

常规综合评价方法有加权算术平均法、加权几何平均法。近年来随着应用数学的发展，新的综合方法也被应用于实际评价工作中。比如，聚类分析、判别分析、模式识别、人工神经网络、主成分分析、因子分析、距离综合评价方法、模糊综合评价方法、灰色关联度评价法、层次分析方法（Hierarchical Analysis Process，简称 AHP）、数据包络分析（Data Envelopment Analysis，简称 DEA）、多维标度法。

上述方法各有优缺点，适用的对象也不尽相同，对数据提供信息的利用率不同，评价结果所提供的信息量有大有小。为了取长补短，综合不同方法的优点，本书提出一种基于距离判别法与灰色关联度评价方法耦合的一种组合评价方法，姑且称之为“距离－灰色关联耦合分析”评价法（Distance Gray Relationship Analysis，简称 DGRA）。

6.3.1　距离综合评价方法基本思想

距离综合评价方法的基本思想是，首先找出评价对象各指标变量的理想集，该理想集或是最佳理想集或是最劣理想集。然后计算各评判对象的指标变量值与理想集之间的距离，根据各距离值的大小来判别评价对象的优劣。

6.3.2　距离综合评价方法计算步骤

具体的计算步骤如下[4]：

步骤 1　指标同向化。如果指标中有逆指标或适度指标，应采取适当的办法将其转化为正指标。

步骤 2　无量纲化。采取合适的方法将各指标值进行无量纲化处理。

步骤 3　构造加权数据矩阵。将已经确定的指标权值矩阵与处理后的数据矩阵相乘可得加权数据矩阵。

步骤 4　确定指标值的理想集。用指标值中的最大值构成最佳理想集，由指标值中的最小值构成最劣理想集。

步骤 5　计算距离。这里距离可以是评价对象到最佳理想集的距离，也可以是评价对象到最劣理想集的距离，还可以是评价对象在两理想集连线上的投影到最劣理想集的距离。

步骤 6　由计算结果对 n 个评价对象进行排序。

6.4　GRA 方法

6.4.1　GRA 方法基本思想

GRA 方法基本思想是将评价对象看成是时间序列，计算每个评价对象与最佳理想集之间的关联度，其作用类似于距离评价方法中的距离。如果关联度大，则评价对象就比较好；否则，评价对象就差。

6.4.2　GRA 方法计算步骤

步骤 1　数据无量纲化，确定指标值的最佳理想集。

步骤 2　求差序列、最大差和最小差。

步骤 3　计算关联系数。

步骤 4　计算关联度。

步骤 5　依关联度进行排序。

6.5　组合 DGRA 评价方法

距离综合评价方法的特点是思路清晰，计算容易。在数据的预处理时，如果出现逆指标或适度指标，需要对指标进行处理，增加了计算量。最主要的不足是距离的选择问题，当指标间的相关性比较强时，欧氏距离就不适合，因此计算时选用何种距离是难点，不同的距离计算方法会影响评价结果。GRA 评价方法的特点是对数据的要求不高，数据的预处理相对简单，不足之处是分辨系数 ρ 的选取对评价结果有影响，这也许是该法最显著的特点。为了能使评价结果更为合理，一个自然的想法是将两种方法进行耦合，取长补短。本书正是基于此想法提出的。

6.5.1　DGRA 方法思路

将两种评价方法的预处理统一起来，先把指标做正向化处理，然后进行无量纲化和标准化处理。处理后的数据分别用两种方法计算出距离值和关联度，将距离值归一化，与关联度作简单算术平均计算，其结果作为最后的评价依据。哪个值大，它所对应的评价对象就是最好的。

6.5.2　DGRA 方法计算步骤

设有 n 个指标 $x_1, x_2, \cdots, x_n$，m 个评价对象，原始数据构成如下的矩阵 X

$$X = \begin{bmatrix} x_{11} & x_{12} & \cdots & x_{1n} \\ x_{21} & x_{22} & \cdots & x_{2n} \\ \vdots & \vdots & & \vdots \\ x_{m1} & x_{m2} & \cdots & x_{mn} \end{bmatrix} \tag{6-1}$$

步骤 1　指标同向化(一致化)。转换后的矩阵记为：

$X^* = (x_{ij}^*)_{m\times n}, i = 1,2,\cdots,m; j = 1,2,\cdots,n$。

步骤 2　无量纲化。转换后的矩阵记为

$Y^* = (y_{ij})_{m\times n}, i = 1,2,\cdots,m; j = 1,2,\cdots,n$。

步骤 3　构造加权数据矩阵(步骤 3 至步骤 5 为距离评价的主要步骤)。设已经确定的权重为 $w_1, w_2, \cdots, w_n$,以它们为主对角线元素,构造对角矩阵 W

$$W = \begin{bmatrix} w_1 & & & & \\ & w_2 & & 0 & \\ & & \cdot & & \\ & & & \cdot & \\ & 0 & & & \cdot \\ & & & & w_n \end{bmatrix}_{n\times n} \tag{6-2}$$

则加权矩阵为

$$Y = (y_{ij})_{m\times n} = (Y_1, Y_2, \cdots, Y_m)' = Y^* \cdot W,$$

$$i = 1,2,\cdots,m; j = 1,2,\cdots,n。$$

步骤 4　确定指标值的理想集。用指标值中的最大值构成最佳理想集 Y^+,由指标值中的最小值构成最劣理想集 Y^-。

$$\left.\begin{aligned} Y^+ &= (y_1^+, y_2^+, \cdots, y_n^+) \\ Y^- &= (y_1^-, y_2^-, \cdots, y_n^-) \end{aligned}\right\} \tag{6-3}$$

其中

$$\left.\begin{aligned} y_j^+ &= \max_{1\leqslant i\leqslant n}\{y_{ij}\}, i = 1,2,\cdots,n \\ y_j^- &= \min_{1\leqslant i\leqslant n}\{y_{ij}\}, j = 1,2,\cdots,n \end{aligned}\right\} \tag{6-4}$$

步骤 5　计算距离。本书只计算评价对象到最佳理想集的相对距离。一般地,当评价指标之间相关性不大时,多用欧氏距离。如果各指标间相关性较大,多用马氏距离,一定程度上可以消除指标间的相关性对综合评价结果的影响。因为人们习惯上采用欧氏距离,所以在选择评价指标时要尽量避免强相关。

欧氏(Euclid)距离

$$D_i^+ = \sqrt{\sum_{j=1}^{n}(y_{ij} - y_j^+)^2}, D_i^- = \sqrt{\sum_{j=1}^{n}(y_{ij} - y_j^-)^2} \tag{6-5}$$

马氏距离(Mahalanobis)[5]

$$\left.\begin{aligned} D_i^+ &= \sqrt{\left|(Y_i - Y^+)\cdot \sum\nolimits^{-1}(Y_i - Y^+)'\right|} \\ D_i^- &= \sqrt{\left|(Y_i - Y^-)\cdot \sum\nolimits^{-1}(Y_i - Y^-)'\right|} \end{aligned}\right\} \tag{6-6}$$

式中: $\sum^{-1}$ 为 Y 的协方差阵。

相对接近度

$$C_i^* = \frac{D_i^-}{D_i^+ + D_i^-}, i = 1,2,\cdots,m$$

对 C_i^* 实施归一化可得 C_i

$$C_i = \frac{C_i^*}{\sqrt{\sum_{i=1}^{m} C_i^*}} \tag{6-7}$$

步骤 6　求差矩阵、最大差和最小差。计算各评价对象的各指标值与最佳指标集之间的差值绝对值,用 Δ 记差值绝对值矩阵。则

$$\Delta = \begin{bmatrix} \Delta_{11} & \Delta_{12} & \cdots & \Delta_{1j} \\ \Delta_{21} & \Delta_{22} & \cdots & \Delta_{2j} \\ \vdots & \vdots & & \vdots \\ \Delta_{i1} & \Delta_{i2} & \cdots & \Delta_{ij} \end{bmatrix} \tag{6-8}$$

其中

$$\Delta_{ij} = |y_{ij} - y_j^+|, i = 1,2,\cdots,m; j = 1,2,\cdots,n \tag{6-9}$$

称绝对值阵中最大数、最小数分别为最大差、最小差。

$$\left.\begin{array}{l}\max\limits_{\substack{1\leqslant i\leqslant m\\1\leqslant j\leqslant n}}\{\Delta_{ij}\}^{\Delta}=\Delta(\max)\\\max\limits_{\substack{1\leqslant i\leqslant m\\1\leqslant j\leqslant n}}\{\Delta_{ij}\}^{\Delta}=\Delta(\min)\end{array}\right\}\tag{6-10}$$

步骤 7　计算关联系数。将式(6-9)、式(6-10)所得结果进行如下转换

$$\xi_{ij}=\frac{\Delta(\min)+\rho\cdot\Delta(\max)}{\Delta_{ij}+\rho\cdot\Delta(\max)}\tag{6-11}$$

得关联系数矩阵

$$\begin{bmatrix}\xi_{11}&\xi_{12}&\cdots&\xi_{1n}\\\xi_{21}&\xi_{22}&\cdots&\xi_{2n}\\\vdots&\vdots&&\vdots\\\xi_{m1}&\xi_{m2}&\cdots&\xi_{mn}\end{bmatrix}\tag{6-12}$$

式中：ρ 为分辨系数，在 (0,1)之间取值。一般情况下依据式(6-12)中的数据情况 ρ 多在 0.1～0.5 间取值。ρ 越小越能提高系数间的差异。

步骤 8　计算关联度。评价对象与最佳理想集之间的关联度可以式(6-12)的每一行作简单算术平均算得。即

$$R_i=\frac{1}{n}\sum_{j=1}^{n}\xi_{ij},i=1,2,\cdots,m\tag{6-13}$$

步骤 9　根据各评价对象的综合得分进行排序。将式(6-7)及式(6-13)得到的接近度与关联度加权求和得

$$CR_i=aC_i+bR_i,i=1,2,\cdots,m\tag{6-14}$$

式中：CR_i 为第 i 个评价对象为最优对象的综合得分；a、b 为加权系数，在(0,1)间取值，具体视情况而定，特殊地，当 $a=1$、$b=0$ 时此法即为距离综合评判方法，$a=0$、$b=1$ 时即为 GRA 评价方法。

依据 CR_i 的大小进行排序，CR_i 越多第 i 个评价对象的得分越高，得分最高者为最优评价对象。

6.6 实例研究

这里我们对文献[1]给出的黄河下游引黄灌区反映用水水平的各种指标值进行加工整理，结果列于表 6-2。

采用上文中的方法将表 6-2 数据进行规范化处理，所得数据列于表 6-3。

本书的重点在于提出组合方法，不在于各层指标的权重确定问题，第一层和第二层指标的权重使用主观定权方法。因为农业是黄河下游引黄灌区的用水大户，工业用水比例较小，生活用水更小，反映三者用水水平的权重依次赋予 0.9、0.08 和 0.02。相应的第二层指标的权重为农业用水效益系数 0.3，农业用水定额 0.3，灌溉水有效利用率 0.3；工业用水效益系数 0.03，工业用水定额 0.02，工业用水效率 0.03。叶指标的权重采用主客观权重组合定权方法。计算贴近度时采用马氏距离，这是考虑到本文给出的具体问题而确定的。比如在第二层指标的子指标之间存在相关性。由步骤 1 至步骤 5 得到叶指标的贴近度，通过层次分析的聚集过程，结论见表 6-4 第 2、3 行。由步骤 6 至步骤 8 计算得到关联度，通过层次分析的聚集过程，结果见表 6-4 的第 4、5 行。步骤 9 中取 $a=0.5$，$b=0.5$，按公式(6-14)计算，归一化后结果列于表 6-4 第 6、7 行。

表 6-2 各分区用水指标值

根指标	第一层指标	第二层指标	叶指标	花园口—高村	高村—孙口	孙口—艾山	艾山—泺口	泺口—利津
区域用水水平总指标	区域工业用水水平	工业用水效益系数	重工业用水效益系数	0.85	1.89	0.3	0.61	1.39
			轻工业用水效益系数	0.13	0.95	0.4	1.09	0.7
			能源工业用水效益系数	0.1	0.07	0.1	0.255	0.4
			其他工业用水效益系数	1	0.36	2.5	5.17	0.9
		工业用水定额（m^3/d）	重工业万元产值用水量	140.8	59.8	479	196.7	147
			轻工业万元产值用水量	822.5	198.4	508	171.9	739
			能源工业万元产值用水量	1 102.3	792.2	1 068	438.9	202.1
			其他工业万元产值用水量	150	388.3	70.6	29	283
		工业用水利用效率	重工业用水重复利用率	25.3	49.5	78.3	80.1	20
			轻工业用水重复利用率	67.7	71.5	68.1	71	18.5
			能源工业用水重复利用率	90.3	90	97.2	97.5	54.7
			其他工业用水重复利用率	58	14.1	38.5	43.9	0
	区域农业用水水平	工业用水利用效率	小麦灌溉效益系数	0.61	0.37	0.42	0.69	0.64
			玉米灌溉效益系数	1.11	0.64	0.51	0.93	0.92
			棉花灌溉效益系数	0.91	0.35	0.24	0.37	0.74
			其他作物灌溉效益系数	0.22	0.29	0.28	0.51	0.68
		农业用水定额（m^3/hm^2）	小麦灌溉定额	7 200	7 200	5 775	5 250	5 475
			玉米灌溉定额	3 150	3 225	2 850	2 550	2 700
			棉花灌溉定额	3 450	3 600	3 450	3 150	3 300
			其他作物灌溉定额	2 850	2 850	1 500	1 350	1 350
		灌溉水有效利用率	渠系水利用系数	0.56	0.6	0.7	0.73	0.64
			田间水利用系数	0.79	0.7	0.74	0.79	0.86
			灌溉水利用系数	0.44	0.42	0.52	0.58	0.55
	区域生活用水水平	生活用水定额（L/(d·人)）	城市生活用水人均定额	180	137	202	222	278
			农村生活用水人均定额	109	109	107	107	83

表 6-3　规范化指标值

叶指标	花园口—高村	高村—孙口	孙口—艾山	艾山—泺口	泺口—利津
重工业用水效益系数	0.345 9	1	0	0.195	0.685 5
轻工业用水效益系数	0	0.854 2	0.281 3	1	0.593 7
能源工业用水效益系数	0.090 9	0	0.090 9	0.560 6	1
其他工业用水效益系数	0.133 1	0	0.444 9	1	0.112 3
重工业万元产值用水量	0.806 8	1	0	0.673 4	0.792
轻工业万元产值用水量	0	0.959 3	0.483 4	1	0.128 3
能源工业万元产值用水量	0	0.344 5	0.038 1	0.736 9	1
其他工业万元产值用水量	0.663 2	0	0.884 2	1	0.293 1
重工业用水重复利用率	0.088 2	0.490 8	0.97	1	0
轻工业用水重复利用率	0.928 3	1	0.935 8	0.990 6	0
能源工业用水重复利用率	0.831 8	0.824 8	0.993	1	0
其他工业用水重复利用率	1	0.243 1	0.663 8	0.756 9	0
小麦灌溉效益系数	0.75	0	0.156 3	1	0.843 8
玉米灌溉效益系数	1	0.216 7	0	0.7	0.683 3
棉花灌溉效益系数	1	0.164 2	0	0.194	0.746 3
其他作物灌溉效益系数	0	0.152 2	0.130 4	0.630 4	1
小麦灌溉定额	0	0	0.730 8	1	0.884 6
玉米灌溉定额	0.111 1	0	0.555 6	1	0.777 8
棉花灌溉定额	0.333 3	0	0.333 3	1	0.666 7
其他作物灌溉定额	0	0	0.9	1	1
渠系水利用系数	0	0.235 3	0.823 5	1	0.470 6
田间水利用系数	0.562 5	0	0.25	0.562 5	1
灌溉水利用系数	0.125	0	0.625	1	0.812 5
城市生活用水人均定额	0.695	1	0.539	0.397 2	0
农村生活用水人均定额	0	0	0.076 9	0.076 9	1

表 6-4 计算结果

评价对象	花园口—高村	高村—孙口	孙口—艾山	艾山—泺口	泺口—利津
C_i	0.403 042	0.242 387	0.328 498	0.525 844	0.454 699
排序	3	5	4	1	2
R_i	0.295 62	0.161 196	0.265 897	0.620 461	0.505 244
排序	3	5	4	1	2
CR_i	0.183 7	0.106 13	0.156 3	0.301 4	0.252 4
排序	3	5	4	1	2

6.7 小 结

本章未对指标量化的方法、指标权重的确定方法予以讨论，重点讨论了指标体系建立的指导思想和构建原则，尤其是对综合评价的方法进行了深入的研究，首次提出了一种新的综合评价方法——DGRA。实例计算表明距离评价方法综合了较多的信息量，灰色可以调节关联度的分辨率。

本章提出的方法除可以用于灌区用水水平的评价外，对于城市用水水平的评价、小康社会的评价等都具有实用意义。

存在的不足：用水水平应包括很多方面，评价用水水平的高低标准应该是区域用水模式多大程度上是可持续的，反映可持续的指标应该有效益、效率、公平性和技术可行性等标准，应该有反映生产、生活和生态的用水指标，而本章由于资料的限制略去了公平性指标和生态用水指标；评价结果没有进行灵敏性分析；不论是贴近度也好，或是关联度也好，本质上都属于“距离”，因此文中提出的两种评价方法得到的评价结果出现相同的序，从而使得最后的组合评价的意义打了折扣，今后的研究工作将探讨其他方法的组合。

参 考 文 献

[1] 阮本清,等.流域水资源管理[M].北京:科学出版社,2001.
[2] 黄思铭,等.可持续发展的评判[M].北京:高等教育出版社,2001.
[3] 曾珍香,顾培亮.可持续发展的系统分析与评价[M].北京:科学出版社,2000.
[4] 胡永宏,贺思辉.综合评价方法[M].北京:科学出版社,2000.
[5] 何晓群.现代统计分析方法与应用[M].北京:中国人民大学出版社,2001.

第 7 章 绵阳市水资源合理配置方案综合评价

7.1 引言

对绵阳市水资源合理配置方案进行综合评价是实施可持续发展战略的要求。实现绵阳市水资源的可持续利用,使绵阳市的人口、资源、环境和经济社会的发展始终处于一种相互协调的状态,从而保证当地社会经济的可持续发展,是绵阳一切水事活动的行动纲领。绵阳市水资源配置方案是一项行动方案,衡量这一行动方案的标准是看它是否符合持续发展的原则,就是要看方案实施后的社会效益、经济效益和生态效益是否都是好的。要想对备选方案进行比选,就必须进行综合评价。

对绵阳市水资源合理配置方案进行综合评价,是《全国水资源综合规划技术细则》[1]的要求。总则规划思路部分谈到,水资源配置应在进行供需分析多方案比较的基础上,通过经济、技术和生态环境分析论证与比选,确定合理的配置方案。水资源配置以统筹考虑流域水量和水质的供需分析为基础,将流域水循环和水资源利用的供、用、耗、排水过程紧密联系,按照公平、高效和可持续利用的原则进行。判断方案在公平用水、高效用水和水的可持续利用等方面体现得如何,必须进行配置方案的综合评价。

对绵阳市水资源合理配置方案进行综合评价,是制定绵阳市节水型社会实施方案的需要。水资源的优化配置是实现把绵阳建设为节水型社会的重要手段。从建设节水型社会的角度,对水资源进行优化配置必须遵循以下原则:水资源开发利用与经济发展和生态系统相协调；节流优先，治污为本，突出保护，适度开源；综合规划，分步实施，突出重点，城乡协调。要在各种方案中挑选出最能体现以上三条原则的最优方案，必须进行综合评价。

另外，编制绵阳市水资源合理配置方案[2]，目的是解决或部分解决绵阳市目前面临的水资源问题。绵阳市面临的水资源问题是：①水资源时空分布不均，干旱与洪涝灾害并存；②用水效率低，水污染严重，生态系统脆弱；③水资源开发利用效率较低；④现行管理体制不适应经济社会发展对水资源的要求。

衡量备选方案的优与劣，就要看方案实施后是否达到了水资源配置的目的。就一个区域来讲，不可能对所有方案进行现场试验，然后根据试验的效果确定最优方案。事实上，在进行方案的评价时，我们是根据建立的区域水资源系统的模拟模型，设定不同的投入条件，计算出不同方案的预期效果。根据各方案的投入和预期效果，判定方案实施后是否达到了水资源配置的目的。水资源配置的目的可以理解为方案要达到的目标，从上一段可以看出，就绵阳市而言，这个目标有四个，其中第四个目标不宜作为水资源配置的目标，理由是，无论多么合理的配置方案，对于改善现行管理体制的弊端似乎都没有多大帮助，可以通过行政、法律和经济等措施来实现水资源的配置。鉴于此，绵阳市水资源合理配置的目标可以认为有三项。因此，最优方案的求解是一个多目标决策问题。解决多目标决策问题的途径有多种，考虑到本课题的时间较短和资料有限，本书采用多属性决策技术也就是综合评价的技术。

从上述对水资源配置综合评价原因的分析中容易看出，水资源配置方案综合评价的目的如下：针对已知的水资源配置备选方案，依据各方案对应的评价指标，采用现代综合评价技术以及赋权方法，对备选方案从优到劣进行排序，选出最优方案。

7.2 评价指标的选定

评价指标是综合评价的基础,指标确定得是否合理,对于后续的评价工作有决定性的影响。因此,研究者认为对于这一关系全局的关键步骤,其行动必须遵循一定的指导思想和原则。评价指标选定的指导思想是持续发展理论,即选择的指标群应能反映持续发展的几个主要方面:水资源利用的持续性,各区域、各部门用水的公平性,水资源利用的效率,社会经济的发展持续性,生态环境的良性发展,人口、资源、环境和经济的相互协调[3~19]。

为了便于数学处理,也为了使评价更为合理,评价指标的选择不仅要遵循本书第 2 章提出的可持续理论及系统学原理,还需要考虑下列条件:

(1)完备性。从理论上讲,为了使综合评价的结果可靠,评价指标应包括反映方案投入和产生的预期效果的各个方面。比如投入的人、财、物和产出的社会、经济和环境效益,以及方案的技术可行性等。

(2)独立性。为使评价时充分利用指标提供的信息,不因信息的冗余造成对评价工作的负面影响,选定指标时,应对指标的特性进行分析,在那些存在着强相关的指标群中选定那些有代表性的指标。

(3)离散性。这里的离散性是指评价指标值的离散性。当指标选定后,如果各方案在某一指标上的值都近似相等,该指标可能是反映方案在投入或预期效果方面的重要指标,但它对于综合评价而言,提供的信息近于零,因此这类指标作为评价指标意义不大。

(4)可计算性。不论是定性指标还是定量指标,都应该是可计算的或者可以通过采用特定的办法将其转化为可计算的量。

(5)可比性。挑选的指标应该在各个方案之间可以进行比较,本次研究中拟在不同的方案之间采用相同的指标。

(6)可操作性。也许选定的指标是一个重要的指标,但是如果这一指标既不能从已有的资料中查找到,也不能间接地计算得到,那么评价时就没有什么用处。不过应该指出,这一类指标在今后的统计工作中应给予关注。

按照绵阳市水资源优化配置的指导思想,遵循评价指标的选定原则,本次研究对指标的选定分两步进行。第一步,评价指标的初选。

第一步,遵循完备性、可计算性和可比性原则,尽可能多地搜寻反映方案投入和预期效果的指标。

方案的投入指标:治污工程投资、节水工程投资、供水工程投资和水土保持投资。

方案的预期效果:社会合理性指标、经济合理性指标、生态环境合理性指标、效率合理性指标、能力建设指标、资源承载能力指标。这些指标又可进一步分解为如下的分指标。

社会合理性指标:供水量、各分区缺水率、人均水资源量、人均供水量、出境流量、亩均水资源量、工业用水保证率、农业用水保证率、各分区用水的公平性、增加的就业人数。

经济合理性指标:单方水工业产值、单方水农业产值、工业总产值、农业总产值、服务业总产值、GDP、人均GDP、旅游观光的价值。

生态合理性指标:废污水排放量、污径比、河段COD及氨氮浓度、污水处理率、城区绿地覆盖率、水土流失面积控制率。

效率合理性指标:万元GDP用水量、工业用水重复利用率、农业灌溉水利用效率、城市供水管网漏失率。

能力建设指标:地表水控制率、灌溉率、水资源开发效率、客水利用率、病险水库占水库总数的百分比。

水资源承载能力指标：人口、土地、经济和环境容量。

技术可行性指标。

第二步，评价指标的筛选确定最终用于评价的指标。遵循指标选取的独立性、离散性和可操作性原则，对第一步得到的指标进行筛选和完善。最后确定采用下面指标群作为最终的评价指标：①人均供水量；②各分区农业用水的公平度(缺水率标准差)；③涪江主河段水质级别；④江油河段水质级别；⑤涪江河段支流 1 水质级别；⑥涪江河段支流 2 水质级别；⑦出境水量；⑧旅游观光的价值。

7.3 评价指标的标定

评价指标不外乎定性指标和定量指标。定量指标是指那些可以直接用实数值表示的量，定性指标指那些难以直接用实数值表示，只能用自然语言描述的量。为了能够利用定性指标给出的信息，定性指标必须进行定量化。常用的定量化方法有专家打分法、模糊集隶属度函数法等。上节选定的指标中①～⑦为定量指标，⑧为定性指标。

定量指标又分为效益型指标、成本型指标、固定型指标、偏离型指标、区间型指标和偏离区间型指标。

效益型指标：其值越大越好的指标。

成本型指标：其值越小越好的指标。

固定型指标：其值稳定在某固定值为最佳的指标，即其值越接近某值越好的指标。

偏离型指标：其值越偏离某个固定值越好的指标。

区间型指标：其值落在某个固定区间为最佳的指标。

偏离区间型指标：其值越偏离具体区间越好的指标。

研究认为，上述的 8 个指标中，人均供水量属成本型指标，出境水量属效益性指标;用各分区缺水率的标准差描述各分区用水的公平性,显然,标准差越小,公平性越好。另外,考虑到绵阳的特殊情况,工业用水及生活用水不管在哪种方案下都是能够得到保证的。因此,分区农业用水公平度属于成本型指标。反映水环境的指标如果用 COD 和氨氮的浓度来表示的话,则属成本型指标,如果用水质级别描述的话,属于序数型定量指标,可按 Bipolar 尺度进行标定。由于本次配置涉及到 4 条河道的水质问题,因此设置了 4 个指标参与运算。旅游观光的价值定量化后属效益性指标。

各种指标的量纲不尽相同,怎样按照不同性质的指标对方案进行比较呢?这个问题的解决涉及到指标的标定(Scaling)和指标的标准化问题。

人均供水量、出境水量、增加的就业机会、供水工程投资、各分区缺水率的标准差按其取值的大小来标定。效益型指标和成本型指标分别采用式(7-1)、式(7-2)对指标进行标准化处理。

设 x_j 为第 j 个指标,$j=1,2,\cdots,n$;$x_{1j},x_{2j},\cdots,x_{mj}$ 为 m 个方案关于该指标的实际值,如果是效益型指标,可采用式(7-1)对其进行处理

$$y_{ij}=\frac{x_{ij}-\min\limits_{1\leqslant i\leqslant m}x_{ij}}{\max\limits_{1\leqslant i\leqslant m}x_{ij}-\min\limits_{1\leqslant i\leqslant m}x_{ij}} \tag{7-1}$$

如果是成本型指标,可采用式(7-2)对其进行处理:

$$y_{ij}=\frac{\max\limits_{1\leqslant i\leqslant m}x_{ij}-x_{ij}}{\max\limits_{1\leqslant i\leqslant m}x_{ij}-\min\limits_{1\leqslant i\leqslant m}x_{ij}} \tag{7-2}$$

对于给定的效益型定性指标,可采用 Bipolar 尺度将其定量化[20]。这种方法的基本思想就是好的指标赋予较大的分值,差的赋予较小的值。比如常用的 10 点标度法,从终点开始,给最高指

标值赋 10 点，给最低指标值赋 0 点，恰好介于最高指标和最低指标正中间的指标赋予 5 点。其他用很高、高、一般、低、很低等语义描述的指标标定如图 7-1 所示。

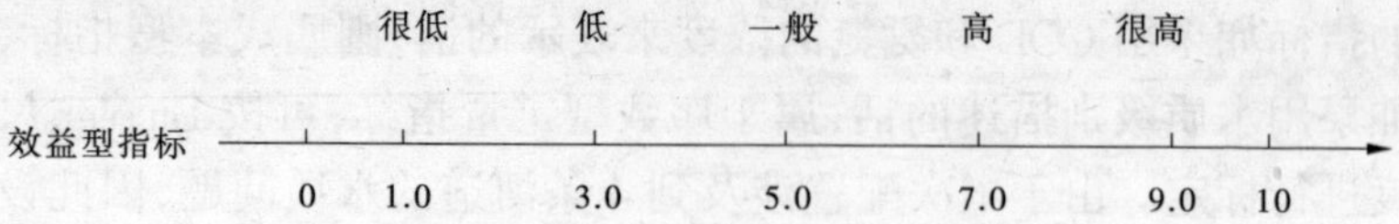

图 7-1　效益型定性指标定量化的 Bipolar 尺度

定性指标定量化后，按效益性指标标准化公式(7-1)将其转换成可比指标。

对于定性的成本型指标，可以作相应的量化处理。与效益型指标正好相反，好的指标赋予较小的分值，差的赋予较大的值，见图 7-2。

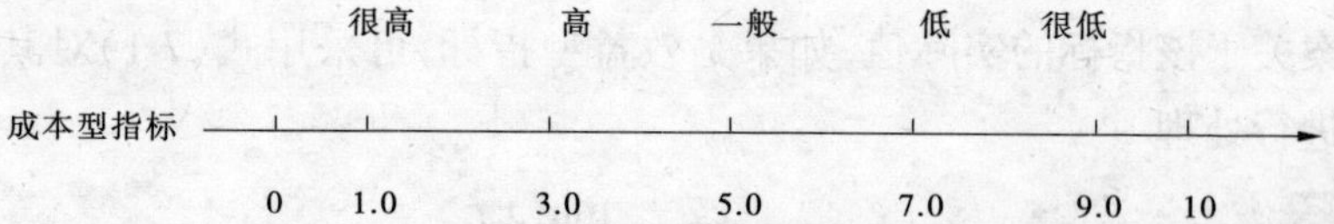

图 7-2　成本型定性指标定量化的 Bipolar 尺度

当 m 个方案对应 n 个指标的值 x_{ij} 确定后，即可得到如表 7-1 所示的决策矩阵。

将上述数据进行规范化处理，可得规范化的决策矩阵，如表 7-2 所示，其中，$0 \leqslant y_{ij} \leqslant 1$。

表 7-1　决策矩阵

方案	指标			
	指标 1	指标 2	…	指标 n
方案 1	x_{11}	x_{12}	…	x_{1n}
方案 2	x_{21}	x_{22}	…	x_{2n}
⋮	⋮	⋮	⋮	⋮
方案 m	x_{m1}	x_{m2}	…	x_{mn}

表 7-2　规范化的决策矩阵

方案	指标			
	指标 1	指标 2	…	指标 n
方案 1	y_{11}	y_{12}	…	y_{1n}
方案 2	y_{21}	y_{22}	…	y_{2n}
⋮	⋮	⋮	⋮	⋮
方案 m	y_{m1}	y_{m2}	…	y_{mn}

7.4　评价指标权重的确定

如果说评价指标的选择与评价指标的标定是综合评价的基础,则指标权重的确定是综合评价的关键,这是因为指标权重直接决定着评价的结果。指标的权重分主观权重和客观权重,主观权重是指决策分析者对指标的重视程度,客观权重是指标本身所包含信息的大小。本次研究采用兼有主客观权重的组合权重。主观权重采用德尔菲方法,这种方法考虑了决策者对各指标的主观偏好。客观权重采用变异系数法,这种方法充分考虑了决策数据所提供的差异性信息。组合权重是二者的简单相加,合成后的权重既考虑了决策者的主观因素,又考虑了数据本身提供的信息,是一种较为合理的方法。用数学语言可描述如下。

设由德尔菲方法得到的指标权重为 $\lambda_1^{(1)},\lambda_2^{(1)},\cdots,\lambda_n^{(1)}$,德尔菲方法的基本步骤如下:

(1)选择专家。本次选择 10 位既有实践经验又有理论修养的水资源专家。

(2)将本课题的任务、待定权数的 n 个指标和定权规则及有关资料发给选定的专家,请他们独立地给出各指标的权值。

(3)回收结果并计算各指标权数的均值与标准差。

(4)将计算的结果及补充资料返还给各位专家,要求所有的专家在新的基础上重新确定系数。

(5)重复上述第(3)步和第(4)步,直至 n 个指标权数与其均值的离差不超过预先给定的标准为止,也就是各专家的意见趋于一致,以此时各指标权数的均值作为该指标的权数 $w_1^{(1)},w_2^{(1)},\cdots,w_n^{(1)}$。

由变异系数法可得客观权重 $w_1^{(2)},w_2^{(2)},\cdots,w_n^{(2)}$,这组权重可由公式(7-3)求得

$$w_j^{(2)} = \frac{S_{y_j}}{\bar{y}_j}, j = 1,2,\cdots,n \tag{7-3}$$

式中

$$\bar{y}_j = \frac{1}{m}\sum_{i=1}^{m} y_{ij}, S_{y_j} = [\frac{1}{n-1}\sum_{i=1}^{m}(y_{ij}-\bar{y}_j)^2]^{1/2} \tag{7-4}$$

设组合权重为 $w'_1,w'_2,\cdots,w'_n$,则

$$w'_j = w_j^{(1)} + w_j^{(2)}, j = 1,2,\cdots,n \tag{7-5}$$

得到的组合权重可以进行归一化处理,最终可得组合权重 w_1,$w_2,\cdots,w_n$。

7.5 方案的综合评价

鉴于本次评价指标只有两类:效益型指标和成本型指标,文献[9]推荐使用 TOPSIS 方法。

设方案集为 $A=\{a_1,a_2,\cdots,a_m\}$,指标集为 $C=\{c_1,c_2,\cdots,c_n\}$,记 $M=\{1,2,\cdots,m\}$,$N=\{1,2,\cdots,n\}$,T_1 和 T_2 分别是效益型、成本型的下标的集合,$T_1\cup T_2=N$,$x_{ij}=f_j(x_i)(i\in M,j\in N)$是方案$x_i$ 在指标f_j 下的指标值,指标 $x_{ij}\geqslant 0$,指标的权向量为 $W=(w_1,w_2,\cdots,w_n)$。由所有指标的最优值组成的方案称为“理想方案”,由所有指标中的最劣值组成的方案称为“负理想方案”。

对于效益型和成本型,多属性决策问题(MADM)的求解步骤如下:

(1)对评价指标进行预处理,包括指标的标度、一致化及标准化,从而得到初始数量决策矩阵

$$Y'=(y'_{ij})_{M\times N},i\in M,j\in N$$

(2)求解加权的标准化决策矩阵 $Y=(y_{ij})_{M\times N}$,其中

$$y_{ij}=w_j y'_{ij},i\in M,j\in N$$

(3)求解理想方案 x^* 和负理想方案 x^-

$$x^*=(x_1^*,x_2^*,\cdots,x_n^*),x^-=(x_1^-,x_2^-,\cdots,x_n^-)$$

$$x_j^*=\max_i y_{ij},x_j^-=\min_i y_{ij}$$

(4)计算各方案与理想方案、负理想方案之间的距离。该距离可以选用欧氏距离,也可采用城市街区距离(city block),若采用后者有

$$\mathrm{d}(\mathrm{x},\mathrm{y})=\sum_{\mathrm{i}}^{\mathrm{m}}|\mathrm{x_i}-\mathrm{y_i}|,\mathrm{x}=(\mathrm{x_1},\mathrm{x_2},\cdots,\mathrm{x_n}),\mathrm{y}=(\mathrm{y_1},\mathrm{y_2},\cdots,\mathrm{y_n}) \quad (7\text{-}6)$$

则：$D_i^* = \sum_i^m |y_{ij} - x_j^*|, D_i^- = \sum_i^m |y_{ij} - x_j^-|, i \in M$

$$(7\text{-}7)$$

(5)计算各方案与理想方案的相对贴近度

$$Z_i = \frac{D_i^-}{D_i^* + D_i^-} \tag{7-8}$$

比较 $Z_1, Z_2, \cdots, Z_m$ 的大小，从小到大排列如下

$$0 \leqslant Z_{i_1} \leqslant Z_{i_2} \leqslant \cdots \leqslant Z_{i_m} \tag{7-9}$$

式中：$i_1, i_2, \cdots, i_m$ 为 $1,2,\cdots,m$ 的某一排列。

方案 i_1 即为经比选得到的最优方案。

本课题在实际计算时，由模拟模型可得出 5 套配置方案。采用上述选定的 8 个最终评价指标对 5 套方案进行比选。

根据对方案的模拟计算及按上述原理对定性指标的处理方法，首先将 5 套方案对应的 8 个指标值填入表 7-3。

表 7-3　绵阳市水资源优化配置方案决策矩阵

指标	方案				
	方案 1	方案 2	方案 3	方案 4	方案 5
人均供水量(万 m^3/人)	375.263 1	372.823 6	375.105 7	375.469 6	375.158 4
各分区农业用水的公平度	434.356 6	749.694 1	467.409 5	467.409 5	464.932
出境水量(万 m^3)	93.846 6	91.765 3	92.832 6	93.261 3	94.186 7
涪江主河段水质级别	4	5	4	5	3
江油河段水质级别	5	4	4	5	3
涪江河段支流 1 水质级别	5	4	5	5	2
涪江河段支流 2 水质级别	5	4	5	5	3
旅游观光的价值	高	较高	少	较高	少

表 7-3 中前三个指标按式(7-1)、式(7-2)进行计算。将水质级别的 1、2、3、4、5 级与图 7-2 中很低、低、一般、高、很高模糊语气词

相对应,在此情况下,根据 Bipolar 尺度 5 个水质级别得分分别为 0.9、0.7、0.5、0.3、0.1。上述旅游观光的价值得分取满分为 10 分时,得分情况为 0～10,由于对其他指标进行了归一化处理,本次研究将上述得分的满分取为 1 分,此时对应的得分应为 0～1。所有计算结果列于规范化数量矩阵(表 7-4)。

表 7-4　绵阳市水资源优化配置方案决策规范化数量矩阵

指标	方案				
	方案 1	方案 2	方案 3	方案 4	方案 5
人均供水量	0.078 0	1	0.137 5	0	0.117 6
各分区农业用水的公平度	0	1	0.104 8	0.104 8	0.096 9
出境水量	0.859 5	0	0.440 8	0.617 8	1
涪江主河段水质级别	0.3	0.1	0.3	0.1	0.5
江油河段水质级别	0.1	0.3	0.3	0.1	0.5
涪江河段支流 1 水质级别	0.1	0.3	0.1	0.1	0.7
涪江河段支流 2 水质级别	0.1	0.3	0.1	0.1	0.5
旅游观光的价值	0.7	0.6	0.3	0.6	0.3

按照主观权重的求解程序,在 $\sum_{i=1}^{8}\lambda_i^{(1)} = 1$ 的条件下,得到

$$\lambda_1^{(1)} = 0.1, \lambda_2^{(1)} = 0.2, \lambda_3^{(1)} = 0.2, \lambda_4^{(1)} = 0.1,$$
$$\lambda_5^{(1)} = 0.1, \lambda_6^{(1)} = 0.05, \lambda_7^{(1)} = 0.05, \lambda_8^{(1)} = 0.2$$

按表 7-4 中的数据,由式(7-3)、式(7-4)得

$$\lambda_1^{(2)} = 0.202\,4, \lambda_2^{(2)} = 0.207\,5, \lambda_3^{(2)} = 0.087\,5, \lambda_4^{(2)} = 0.084\,0,$$
$$\lambda_5^{(2)} = 0.084\,0, \lambda_6^{(2)} = 0.130\,9, \lambda_7^{(2)} = 0.106\,1, \lambda_8^{(2)} = 0.048\,8$$

由式(7-5)可以求得

$$\lambda_1 = 0.15, \lambda_2 = 0.2, \lambda_3 = 0.14, \lambda_4 = 0.09,$$
$$\lambda_5 = 0.09, \lambda_6 = 0.08, \lambda_7 = 0.08, \lambda_8 = 0.07$$

由表 7-4 表示的决策规范化数量矩阵及主客观权重可得加权

矩阵 Y

$$Y=\begin{bmatrix}0.01 & 0 & 0.12 & 0.03 & 0.01 & 0.01 & 0.01 & 0.05\\ 0.15 & 0.20 & 0 & 0.01 & 0.03 & 0.03 & 0.02 & 0.04\\ 0.02 & 0.02 & 0.06 & 0.03 & 0.03 & 0.01 & 0.01 & 0.02\\ 0.00 & 0.02 & 0.09 & 0.01 & 0.01 & 0.01 & 0.01 & 0.04\\ 0.02 & 0.02 & 0.14 & 0.05 & 0.05 & 0.06 & 0.04 & 0.02\end{bmatrix}$$

可根据矩阵 Y 的行对应方案,列对应评价指标。最后,采用TOPSIS法可得

$$Z_1=0.18, Z_2=0.30, Z_3=0.10, Z_4=0.13, Z_5=0.29$$

7.6 小 结

本章首先阐述了水资源合理配置方案综合评价的原因和目的。在对配置方案分析的基础上,对初选的评价指标进行了精选。根据评价指标的特点,选定距离判别法作为本次综合评价的方法,并介绍了该方法的计算步骤。指标权重的确定采用组合权重方法。最后对计算成果进行了分析,结果表明本章采用的评价方法及权重的确定方法都可行,评价得到的最优方案与专家们对方案的倾向性意见一致。

参 考 文 献

[1] 水利部水利水电规划设计总院.全国水资源综合规划技术细则(试行)[S].2002.

[2] 全国节约用水办公室,绵阳市人民政府.绵阳市节水型社会试点工作大纲[S].2002.

[3] 沈珍瑶,杨志峰.黄河流域水资源可再生性评价指标体系与评价方法[J].自然资源学报,2002,17(2):188~196.

[4] 陈东景,等.因子分析法在水质评价中的应用[J].水文,2002,22(3):29~31.
[5] 项静恬,史久恩.非线性系统中数据处理的统计方法[M].北京:科学出版社,2000.
[6] 胡永宏,贺思辉.综合评价方法[M].北京:科学出版社,2000.
[7] 陈家琦,王浩,杨小柳.水资源学[M].北京:科学出版社,2002.
[8] 阮本清,等.流域水资源管理[M].北京:科学出版社,2001.
[9] 邱菀华.管理决策与应用熵学[M].北京:机械工业出版社,2002.
[10] 史晓新,夏军.论可持续发展与水资源环境影响评价[J].自然资源学报,1997,12(4):299~306.
[11] 陈宁,张彦军.水资源可持续发展的概念、内涵及指标体系[J].地域研究与开发,1998,17(4).
[12] 陶涛.水资源系统性能指标的研究及应用[J].水利电力科技,1998,25(2):1~4.
[13] 王慧敏,等.都江堰灌区可持续发展评价体系[J].水利学报,1995(5):13~18.
[14] 王慧敏,刘新仁.流域复合系统可持续发展测度[J].河海大学学报,1999,27(3):45~48.
[15] 贾嵘,等.区域水资源潜力综合评判[J].西北农业大学学报,1999,27(5).
[16] 陈建耀,于静洁.区域调水规模的指标体系与PRED综合论证[J].地理研究,1999,18(4):373~381.
[17] 孙才志,等.区域水资源开发模式评价指标体系研究[J].长春科技大学学报,1999,18(4):46~49.
[18] 惠泱河,等.水资源承载力评价指标体系研究[J].水土保持通报,2000,21(1):30~34.
[19] 卞建民,杨建强.水资源可持续利用评价的指标体系研究[J].水土保持通报,2000,20(4):43~45.
[20] 谭跃进.定量分析方法[M].北京:中国人民大学出版社,2002.

第8章 水资源规划方案的模糊物元分析

8.1 引 言

水资源合理配置方案的优选是水资源系统分析中的重要环节。在评价的过程中,影响评选结果的关键因素有三:评价指标的选取、指标权重的确定、评价方法的选择。本章主要研究评价方法对评价结果的影响。

评定对象的好坏有两种方法,一种是指数法,比如选择短跑运动员,仅仅比较运动员之间的百米速度就可以了。另一种是多指标综合评价法,比如挑选十项全能运动员,不仅要比较跑步的速度,还要综合考虑其他九项指标的大小。显然,选择什么样的评价方法是由评价对象决定的。水资源优化配置方案评价方法的选择也不例外,由于衡量一个方案好坏的尺度是方案实施后产生的效应,这里的效应包括社会效应、经济效应和生态环境效应。反映每一种效应的指标又可分多等级,每一等级又包括多个指标。除此之外,还要考虑方案的技术可行性。因此,水资源规划方案的评选是一个多指标评选问题,也叫多属性决策问题(Multiple Attributes Decision Making, 简称 MADM),评价方法必然选择综合评价方法。

反映方案好坏的社会效应指标、生态环境指标和技术可靠性指标有很多是定性指标,比如在衡量社会效应方面,一种方案是“公平的”,另一种方案“不太公平”,这种“公平性”指标就是定性指标,类似的定性指标还有很多。定性指标问题的出现有三种原因,一是由于人们的认识水平有限,指标本身难以量化,比如刚刚提到的“公平性”;二是要取得某些指标的量化值需要的成本太高,对于一些方案评价问题来讲,经济上不合算;三是有时在进行评价时,有些指标不必量化,这是因为在有些问题中,过分强调定量化可能产生事与愿违的结果,相反,采用一些定性指标用于评价可能更为适当,比如评价一个区域是否达到了“节水型社会”的要求,城建部门曾制定了一套定量考核指标,这套指标应用到实际中后,有些地方片面追求指标的数量,不仅没能起到鼓励社会节水的效果,反而造成了人力、物力和财力的浪费。

国内外文献[1~3]表明,与水有关的综合评价问题主要集中在水利工程综合评价、水质综合评价、水灾害综合评价、灌区改造与扩建工程方案评价、流域(区域)水资源可持续利用评价。使用的评价方法有 AHP 方法、灰色关联度分析方法、模糊综合评价方法、ELETHE 等,还有一些是通过这些方法耦合后得到的方法。这些方法中,处理定性问题较好的是模糊综合评价方法,但这种方法也有不足,在水问题的综合评价中尤显不足,这是因为在水资源规划评价和水资源优化配置方案评价中,涉及的评价指标众多,建立每一个指标的隶属函数是一件不容易的事。解决问题的思路是找到一种方法,这种方法必须能对多指标进行综合评价,又能处理定性指标,最好在使用上是便利的。本章引入了一种新的 FMEA 评价方法,并研究了它在水资源优化配置方案评比中的可行性。

8.2　FMEA 评价方法基本概念

可拓学是我国学者蔡文教授于 1983 年创立的一门新学科[4],经过近 20 年来学者们的不断探索,可拓学的理论框架基本形成。它包含物元理论和可拓数学两部分。物元理论包括物元以及可拓性和物元变换。可拓数学包括可拓集合、关联函数、可拓逻辑。在物元理论和可拓数学的基础上,蔡文提出了具有使用价值的可拓方法,主要有物元可拓方法、评价方法、菱形思维方法、物元变换方法,进而给出了具体的在各领域应用的可拓工程方法(extension engineering method)。其中属于评价方法的优度评价法、真伪信息判别法、物元相容度判别法,可以应用到与水问题相关的识别、评价和决策问题中[5,6]。为了能对下文中的评价方法有深入的理解,这里首先阐述作者对几个与 FMEA 评价方法有关概念的理解。

8.2.1 物元

定义 8.1 给定事物的名称 M,它关于特征 c 的量值为 v,以有序三元组

$$R \doteq (M, c, c(M)) \tag{8-1}$$

作为描述事物的基本元,简称物元。

将定义 8.1 推广到一般情况,可得下面新的概念。

定义 8.2 如果事物 M 有 n 个特征 $c_1, c_2, \cdots, c_n$ 和相应的量值 $v_1, v_2, \cdots, v_n$,则称式(8-2)中的 R 为 n 维物元。

$$R = (M, C, V) = \begin{bmatrix} M & c_1 & v_1 \\ & c_2 & v_2 \\ & \vdots & \vdots \\ & c_n & v_n \end{bmatrix} \tag{8-2}$$

物元概念既包含了事物质的方面,也包含了事物量的方面,是一个承载定量信息和定性信息的完美载体。

8.2.1.1 经典域和理想物元

定义 8.3 给定论域 U,设 M_0 是 U 的子集,令

$$R_0=(M_0,C,V_0)=\begin{bmatrix} M_0 & c_1 & V_{10} \\ & c_2 & V_{20} \\ & \vdots & \vdots \\ & c_n & V_{n0} \end{bmatrix} \tag{8-3}$$

其中 V_{i0}的取值范围是区间$[a_{i0},b_{i0}]$,可记为 $V_{i0}=[a_{i0},b_{i0}]$,$i=1,2,\cdots,n$,称$[a_{i0},b_{i0}]$为 M_0 关于 C 的经典域,经典域的直观含义是事物各属性变化的基本区间。称

$$R_0=\begin{bmatrix} M_0 & c_1 & [a_{10},b_{10}] \\ & c_2 & [a_{20},b_{20}] \\ & \vdots & \vdots \\ & c_n & [a_{n0},b_{n0}] \end{bmatrix} \tag{8-4}$$

为 M_0 的经典域矩阵,有时也称 R_0 为经典域物元。

定义 8.4　如果对所有的 i,$S_i\in V_{i0}$是属性 c_i 的最佳取值,此时称

$$R_0=\begin{bmatrix} M_0 & c_1 & s_1 \\ & c_2 & s_2 \\ & \vdots & \vdots \\ & c_n & s_n \end{bmatrix} \tag{8-5}$$

为 M_0 的理想物元。

8.2.1.2　模糊物元和复合模糊物元

定义 8.5　如果式(8-1)中 $c(M)$代表描述事物 M 的属性 c 的模糊量值,为了与清晰量区别,通常记为 $x=c(M)$,为了书写上的方便,在不致混淆的情况下,仍采用不带下划线的记号。

定义 8.6　将 m 个 n 维物元组合在一起,记成式(8-6)的形式,便构成 m 个事物 n 维复合物元 R_{mn}。如果 m 个事物的 n 维物元组合在一起,若将 R_{mn} 的量值改写为模糊物元量值,称为 m 个事物 n 维复合模糊物元,记作

$$R_{mn}=\begin{bmatrix} & c_1 & c_2 & \cdots & c_n \\ M_1 & v_{11} & v_{12} & \cdots & v_{1n} \\ M_2 & v_{21} & v_{22} & \cdots & v_{2n} \\ \vdots & \vdots & \vdots & & \vdots \\ M_m & v_{m1} & v_{m2} & \cdots & v_{mn} \end{bmatrix} \tag{8-6}$$

式中：R_{mn}为m个事物n维复合模糊物元；M_i为第i个事物，$i=1,2,\cdots,m$；c_j为第j项特征，$j=1,2,\cdots,n$；v_{ij}为第i个事物第j项特征对应的模糊量值，$i=1,2,\cdots,m$，$j=1,2,\cdots,n$。

8.2.1.3 从优隶属度

式(8-6)中，有些属性值是效益型的，有些是成本型的，还有些是区间型及其他类型的属性。如果依据这些指标进行物元间的比选，需要对属性值进行处理。在物元可拓学中一般采用将属性值转化为从优隶属度的方法，对于效益型属性

$$u_{ij}=\frac{v_{ij}-\min\limits_{1\leqslant i\leqslant m} v_{ij}}{\max\limits_{1\leqslant i\leqslant m} v_{ij}-\min\limits_{1\leqslant i\leqslant m} v_{ij}} \tag{8-7}$$

式中：u_{ij}为第i个事物第j项特征值v_{ij}所对应的从优隶属，作用相当于隶属函数。

对于成本型属性

$$u_{ij}=\frac{\max\limits_{1\leqslant i\leqslant m} v_{ij}-v_{ij}}{\max\limits_{1\leqslant i\leqslant m} v_{ij}-\min\limits_{1\leqslant i\leqslant m} v_{ij}} \tag{8-8}$$

对于区间型指标

$$u_{ij}=\begin{cases} 1-\dfrac{a-v_{ij}}{\max\{(a-\min\limits_i v_{ij}),(\max\limits_i v_{ij}-b)\}} & v_{ij}<a \\ 1 & v_{ij}\in[a,b] \\ 1-\dfrac{v_{ij}-b}{\max\{(a-\min\limits_i v_{ij}),(\max\limits_i v_{ij}-b)\}} & v_{ij}>b \end{cases} \tag{8-9}$$

式中各符号意义同前。

注意式(8-7)、式(8-8)、式(8-9)三式只适用使得其中两式有意义情况下的物元分析。对于使式(8-7)、式(8-8)、式(8-9)其中两式无意义的物元,可考虑设计采用其他从优隶属度函数。处理后可得到物元优属度矩阵

$$R_{mn} = \begin{bmatrix} & c_1 & c_2 & \cdots & c_n \\ M_1 & u_{11} & u_{12} & \cdots & u_{1n} \\ M_2 & u_{21} & u_{22} & \cdots & u_{2n} \\ \vdots & \vdots & \vdots & & \vdots \\ M_m & u_{m1} & u_{m2} & \cdots & u_{mn} \end{bmatrix} \tag{8-10}$$

8.2.2　关联函数和关联度

定义 8.7　在可拓数学中,给定论域 U 及 U 中的一个集合 A,用$(-\infty,+\infty)$中的数来描述 U 中的元素 u 属于和不属于 A 的程度,记为 $K(u)$,$-\infty < K(u) < +\infty$。$K(u)>0$ 表示属于的程度;$K(u)<0$ 表示不属于的程度;$K(u)=0$ 表示 u 属于 A 又不属于 A。称函数 $K(u)$为 U 的关于集合 A 的关联函数,函数值称为关联度。

在不同的问题中,建立的关联函数是不同的,到底采用何种形式的关联函数,具体问题应具体分析。本章将采用马氏距离作为衡量一方案的某一属性与理想物元对应属性间接近程度的尺度,之所以选择马氏距离,是出于这样的考虑:马氏距离可以排除指标之间相关性的干扰,而且还不受各指标量纲的影响。

马氏距离是由印度统计学家马哈拉诺比斯于 1936 年引入的[7],其定义如下:设 $\sum$ 表示模糊复合物元属性值的协方差阵,即

$$\sum = (\sigma_{ij})_{n\times n} \tag{8-11}$$

其中

$$\left.\begin{aligned}\sigma_{ij} &= \frac{1}{m-1}\sum_{a=1}^{m}(v_{ai}-\overline{v}_i)(v_{aj}-\overline{v}_j)\\ \overline{v}_j &= \frac{1}{m}\sum_{a=1}^{m}v_{ai}\\ \overline{v}_i &= \frac{1}{m}\sum_{a=1}^{m}v_{aj}\\ i,j &= 1,2,\cdots,n\end{aligned}\right\}\tag{8-12}$$

如果 $\sum^{-1}$ 存在,则第 i 个物元与理想物元之间的马氏距离可按公式(8-13)计算:

$$d_i^2(M_i,R_0)=(V_i-S)\cdot\sum{}^{-1}\cdot(V_i-S)^{-1}\tag{8-13}$$

式中:R_0 为理想物元;$V_i=(v_{i1},v_{i2},\cdots,v_{in})$;$S=(s_1,s_2,\cdots,s_n)$,在本书提出的从优隶属度下,$S=(1,1,\cdots,1)$。

8.3 基于 FMEA 的水资源配置方案评比思路和计算步骤

8.3.1 基于模糊物元分析的水资源优化配置方案评价思路

在进行流域(区域)水资源优化配置时,一般都会给出若干备选规划方案。评价备选方案优劣有两条途径,一是首先给出一个理想方案,然后依据被评方案与理想方案的接近程度判定方案的优劣,属于这种方法的有距离判别方法、灰色关联度方法。二是没有理想方案,但可以比较方案之间的相对优劣,依据一定的准则对方案进行排序,属于这种方法的有 AHP 方法、ELECTRE 法和 PROMETHEE 法等。

本书提出基于 FMEA 的评价方法属第一类,此处视待评方案

为 n 维物元,一个备选方案对应一个物元,评价指标对应物元的特征,指标值对应物元中的特征值。评价时,首先要找出理想方案所对应的理想物元矩阵,由具体问题的规划方案可以找出备选方案对应的复合物元矩阵。通过计算各备选方案与理想方案关联度来判断备选方案的优劣。

8.3.2　水资源优化配置方案 FMEA 评价法计算步骤

步骤 1　确定备选方案 $A_1, A_2, \cdots, A_m$ 对应的复合物元矩阵

$$\underline{R}_{mn} = \begin{bmatrix} & c_1 & c_2 & \cdots & c_n \\ A_1 & v_{11} & v_{12} & \cdots & v_{1n} \\ A_2 & v_{21} & v_{22} & \cdots & v_{2n} \\ \vdots & \vdots & \vdots & & \vdots \\ A_m & v_{m1} & v_{m2} & \cdots & v_{mn} \end{bmatrix} \tag{8-14}$$

步骤 2　按式(8-7)、式(8-8)、式(8-9)计算出式(8-14)对应的模糊复合物元优属度矩阵

$$\underline{R}_{mn} = \begin{bmatrix} & c_1 & c_2 & \cdots & c_n \\ A_1 & u_{11} & u_{12} & \cdots & u_{1n} \\ A_2 & u_{21} & u_{22} & \cdots & u_{2n} \\ \vdots & \vdots & \vdots & & \vdots \\ A_m & u_{m1} & u_{m2} & \cdots & u_{mn} \end{bmatrix} \tag{8-15}$$

步骤 3　先求理想物元 $R_0 = \begin{bmatrix} M_0 & c_1 & \max\limits_{1\leqslant j\leqslant n} v_{1j} \\ & c_2 & \max\limits_{1\leqslant j\leqslant n} v_{2j} \\ & \vdots & \vdots \\ & c_n & \max\limits_{1\leqslant j\leqslant n} v_{nj} \end{bmatrix}$,其中 $\max\limits_{1\leqslant j\leqslant n} v_{ij} = s_i$,然后按式(8-13)计算各方案与理想方案之间的距离 $d_i^2(M_i, R_0)$, $i = 1, 2, \cdots, m$。

步骤 4　按从小到大的顺序对步骤 3 求出的距离进行排序得到：$d_{i_1}^2 \leqslant d_{i_2}^2 \leqslant \cdots \leqslant d_{i_m}^2$，则方案 A_{i_1} 即为由 FMEA 评价方法得到的最终推荐方案。

8.4　应用实例

8.4.1　实例计算

表 8-1 给出了华北水资源配置的 6 套方案及各种方案下 20 个指标值在 2010 年的预测值[2]。

表 8-1　2010 年华北地区水资源配置的各方案投入及预期一览

指标		单位	方案					
			A1	A2	A3	A4	A5	A6
国内生产总值	GDP	亿元	5 273	5 806	9 906	12 820	12 755	13 023
	GDP 增长率	%	3.12	4.01	7.05	9.85	9.79	9.85
	人均 GDP 值	万元/人	0.427	0.470	0.802	1.038	1.032	1.054
生化耗氧量	BOD	万 t	45.13	59.74	75.23	128.44	127.16	127.44
	人均 BOD 负荷	g/(人·d)	28.4	37.6	47.3	80.8	80.0	80.2
粮食	产量	万 t	4 864.9	4 965.4	5 009.8	4 876.6	5 256.9	5 009.1
	人均值	kg/人	393.7	401.9	405.5	394.7	425.5	405.4
社会总产值		万元	11 315	12 516	23 969	34 536	34 302	35 380
农业灌溉面积		万 hm^2	639.72	644.94	615.12	606.85	666.13	627.39
固定资产投资		亿元	520.2	535.4	1 855.3	2 949.9	2 954.3	3 023.2
水投资		亿元	3.66	7.77	6.23	58.82	81.91	59.45
水工程投资		亿元	0	0	1.45	42.38	65.71	42.38
水处理投资		亿元	3.23	7.69	3.91	14.04	13.84	14.63
城市污水排放量		亿 m^3	44.88	60.96	58.35	103.90	103.03	105.23
城市污水处理比例		%	70.2	71.1	57.0	56.1	56.1	57.3
需水量	城市	亿 m^3	78.88	95.70	93.00	136.41	137.29	139.91
	农村	亿 m^3	256.73	265.93	287.62	296.79	319.61	303.71
	小计	亿 m^3	335.61	361.63	380.62	433.20	456.90	443.62
供水量	总量	亿 m^3	335.61	361.63	382.45	447.68	493.91	443.62
	其中污水	亿 m^3	0	26.02	19.94	34.98	34.69	36.15

从表 8-1 中选择适当的指标作为复合物元的属性值，进而构造出该问题对应的复合物元矩阵，由于模糊物元的属性实质上等同于综合评价中的评价指标，选择属性时所遵循的原则与综合评价指标的选择原则相同，不过考虑到本书采用的是马氏距离，对指标间的独立性没有作明确要求，而对于那些明显的冗余信息不予保留，比如在保留农村需水量和城市需水量的情况下，将总需水量予以删除，构造出的复合物元矩阵见表 8-2。此时，各个方案出现在行上，而属性出现在列上，纯粹是为了计算的方便。

表 8-2　华北地区水资源配置复合物元矩阵

方案		单位	属性及值					
			A1	A2	A3	A4	A5	A6
C1	GDP	亿元	5 273	5 806	9 906	12 820	12 755	13 023
C2	GDP 增长率	%	3.12	4.01	7.05	9.85	9.79	9.85
C3	人均 GDP	万元/人	0.427	0.470	0.802	1.038	1.032	1.054
C4	BOD	万 t	45.13	59.74	75.23	128.44	127.16	127.44
C5	人均 BOD 负荷	g/(人·d)	28.4	37.6	47.3	80.8	80.0	80.2
C6	粮食产量	万 t	4 864.9	4 965.4	5 009.8	4 876.6	5 256.9	5 009.1
C7	人均粮食产量	kg/人	393.7	401.9	405.5	394.7	425.5	405.4
C8	社会总产值	亿元	11 315	12 516	23 969	34 536	34 302	35 380
C9	农业灌溉面积	万 hm^2	639.72	644.94	615.12	606.85	666.13	627.39
C10	固定资产投资	亿元	520.2	535.4	1 855.3	2 949.9	2 954.3	3 023.2
C11	水投资	亿元	3.66	7.77	6.23	58.82	81.91	59.45
C12	水工程投资	亿元	0	0	1.45	42.38	65.71	42.38
C13	水处理投资	亿元	3.23	7.69	3.91	14.04	13.84	14.63
C14	城市污水排放量	亿 m^3	44.88	60.96	58.35	103.90	103.03	105.23
C15	城市污水处理比例	%	70.2	71.1	57.0	56.1	56.1	57.3
C16	城市需水量	亿 m^3	78.88	95.70	93.00	136.41	137.29	139.91
C17	农村需水量	亿 m^3	256.73	265.93	287.62	296.79	319.61	303.71
C18	供水量	亿 m^3	335.61	361.63	382.45	447.68	493.91	443.62

表 8-2 中 C1、C2、C3、C6、C7、C8、C9 和 C18 为效益型属性，其余为成本型指标。由式(8-7)、式(8-8)可求得对应于表 8-2 的模糊复合物元优属度矩阵，见表 8-3。

表 8-3　华北地区水资源配置模糊复合物元优属度矩阵

方案		属性及值					
		A1	A2	A3	A4	A5	A6
C1	GDP	0	0.07	0.60	0.97	0.97	1.00
C2	GDP 增长率	0	0.13	0.58	1.00	0.99	1.00
C3	人均 GDP	0	0.07	0.60	0.97	0.96	1.00
C4	BOD	1.00	0.82	0.64	0	0.02	0.01
C5	人均 BOD 负荷	1.00	0.82	0.64	0	0.02	0.01
C6	粮食产量	0	0.26	0.37	0.03	1.00	0.37
C7	人均粮食产量	0	0.26	0.37	0.03	1.00	0.37
C8	社会总产值	0	0.05	0.53	0.96	0.96	1.00
C9	农业灌溉面积	0.55	0.64	0.14	0	1.00	0.35
C10	固定资产投资	1.00	0.99	0.47	0.03	0.03	0
C11	水投资	1.00	0.95	0.97	0.30	0	0.29
C12	水工程投资	1.00	1.00	0.98	0.36	0	0.36
C13	水处理投资	1.00	0.61	0.94	0.05	0.07	0
C14	城市污水排放量	1.00	0.73	0.78	0.02	0.04	0
C15	城市污水处理比例	0.06	0	0.94	1.00	1.00	0.92
C16	城市需水量	1.00	0.72	0.77	0.06	0.04	0
C17	农村需水量	1.00	0.85	0.51	0.36	0	0.25
C18	供水量	0	0.16	0.30	0.71	1.00	0.68

在表 8-3 的基础上,求解模糊物元优属度矩阵的协方差阵 $\sum$,具体计算时理想方案也应作为矩阵的一行。经验证 $\sum$ 的逆阵 $\sum^{-1}$ 存在,由于篇幅的原因此处就不列出 $\sum^{-1}$ 了。按式(8-13)计算各方案与理想方案之间的距离 $d_i^2(M_i, R_0), i = 1,2,\cdots,m$,结果如下:

$$(d_1^2, d_2^2, d_3^2, d_4^2, d_5^2, d_6^2) = (76.3, 42.2, 78.01, 123, 24.6, 84.1)$$

从小到大对其排序得

$$d_5^2 < d_2^2 < d_1^2 < d_3^2 < d_6^2 < d_4^2$$

显见第 5 个方案就是在 FMEA 评价方法下得到的最佳推荐方案。

8.4.2　计算结果分析

根据文献[2],第 1 个方案为节水方案。它以现状供水为基础,只考虑节水水平,城市污水按照最低的环境要求处理,处理后的污水不再回用。定性分析表明,该方案不能达到 2010 年规划中在经济方面对华北地区提出的要求,也根本不能满足提高人民生活水平的需要。单纯节水提高本地区水资源对经济发展的支撑能力有限。从本地的发展来看,该方案不予推荐。第 2 个方案为节水加污水利用方案。该方案不增加专门性的水利投资,只考虑在现状条件下提高节水水平和污水回用率。由于节水和污水回用是解决缺水的优先措施,因此方案 2 就比方案 1 较优。不过,由于华北地区水资源总量有限,所以它也不是解决问题的最佳方案。第 3 个方案为节水、污水回用、当地水工程加引黄方案。该方案在一定时期内从一定程度上缓解缺水状况,但其代价是明显地增加了工程投资,同时长系列供需平衡模拟结果表明大面积地下水超采十分严重。第 4 个方案为节水、污水、当地水、引黄加引江中线 75 亿 m^3 方案。该方案调水量相对较小,只能缓解南水北调受水区域的城市缺水问题。而相对于前三个方案，其增加的投资是巨大的。从投入与预期产出的效益来讲，该方案不够理想。第 5 个方案为节水、污水、当地水、引黄加引江中线大方案。该方案虽然增加了用于中线方案的工程投资，但它可从根本上解决华北地区水资源的短缺问题，因此方案 5 是值得推荐的方案。第 6 个方案为节水、污水回用、引黄和中线 75 亿 m^3 方案。虽然在此方案实施的条件下，华北地区长期的缺水问题将基本得到解决，但存在工程投资大及东线的水环境问题；另外由于东线一期工程 2015 年才开始供水，鲁北地区 2010 年前仍严重缺水。因此，方案 6 作为与方案 4、5 类同的方案，其优劣介于两者之间。

从式(8-13)计算的结果来看，方案 5 作为最佳推荐方案与文献[2]定性分析的结果一致，方案 1、2、3 在排序结果中的位置与文献中的结论基本一致，说明本次研究提出的 FMEA 定量评价方法在实际应用中可行。方案 6 在排序结果中排在倒数第二位，表面上与定性分析结果不符。其实，本次计算采用的物元属性值，即指标值采用的是 2010 年的社会、经济和环境预测值，而方案 4 中，东线一期工程 2015 年才开始供水，在计算时投入比方案 1、2、3 增加了，但预期的产出没能在计算中体现出来，因此定量分析时被排在后面就不足为奇了。至于方案 4 被排在最后的原因在于，虽然工程投资额没有方案 6 多，相应的，其预期的产出也少了，比如鲁北地区因缺水减少的灌溉面积与现状相比少了 14%；水环境指标 BOD 总量及人均 BOD 量增加了，供水量减少了；而其他指标值又相差不大。所以，方案 4 在本书的研究结果中排在最后合乎逻辑。

8.5 结果分析

本书将 FMEA 评价方法首次应用于水资源规划方案的决策分析实践中，视水资源规划方案为物元，并提出了理想物元的新概念。应用马氏距离来衡量普通物元与理想物元的关联度，建立的关联函数适用于指标间有相关性的情况，同时也不必对每一指标赋予权重，从而简化了方案评价的程序。从计算结果来看，该法在应用中的效果是良好的。

当然，FMEA 评价方法也存在着弊端，比如：①在优属度矩阵对应的协方差阵 $\sum$ 的逆阵 $\sum^{-1}$ 必须存在的情况下，才能进一步计算马氏距离，否则此法失效；②FMEA 评价方法属于 FMADM(Fuzzy Multiple Attributes Decision Making) 方法，利用马氏距离的大小对方案的优劣进行排序时，各属性的权值实际隐含在协方差逆阵 $\sum^{-1}$ 中，也就是说 $\sum^{-1}$ 起的作用相当于客观权重的作用，决策时不能将人们对指标偏好及重视程度的信息考虑进去，这样得到的决策结果，其说服力将打一定的折扣；③ 本书只考虑了各方案在 2010 规划水平年的情况，未能将 2020 水平年的情况一并考虑，一定程度上影响了结论的合理性。

值得指出的是，在水资源配置等综合评价问题中，往往存在大量的定性指标，尽管本书中的指标都是定量指标，但 FMEA 对于评价指标中含有定性指标甚至是全部定性指标都可建立适当的从优隶属度函数进行处理，这也就是蔡文先生提出物元可拓学的初衷。总之，FMEA 评价方法不失为一种值得推广的 MADM 评价方法。

8.6　小　结

本书首先综述了水资源合理配置优化方案综合评价的目的、研究现状和存在的问题，阐述了 FMEA(Fuzzy Matter Element Analysis)物元可拓评价方法的基本概念和理论，提出了理想物元的新概念，并将马氏距离(Mahalanobis)引入该评价方法，解决了评价指标常见的相关性问题;给出了将物元可拓评价方法应用于水资源规划方案优选的思路及计算步骤。将 FMEA 评价方法应用于华北水资源合理配置方案优选,从应用的过程和对计算结果的分析来看,该法在实践中的应用效果良好,是解决此类问题的又一新的可行途径。

参考文献

[1] Stewart T J S, Scott L. A scenario-based framework for multicriteria decision analysis in water resources planning[J]. Water Resources Research, 1995, 31(11): 2835~2843.

[2] 许新宜,王浩,甘泓.华北地区宏观经济水资源规划理论与方法[M].郑州:黄河水利出版社,1997.

[3] 陈家琦,王浩,杨小柳.水资源学[M].北京:科学出版社,2002.

[4] 蔡文.可拓工程方法[M].北京:科学出版社,2001.

[5] 潘峰,梁川,付强.基于层次分析法的物元模型在土壤质量评价中的应用[J].农业现代化研究,2002,23(2):93~97.

[6] 肖芳淳.模糊物元贴近度聚类分析的研究[J].新疆石油地质,1998,19(4):281~283.

[7] 于秀林,任雪松.多元统计分析[M].北京:中国统计出版社,1999.

第 9 章　基于 DEA 的水资源管理有效性评价

9.1　引　言

数据包络分析方法(简称 DEA)首先由美国运筹学家 A.Charnes、W.W.Cooper 和 E.Rhodes 于 1978 年提出,因此第一个 DEA 模型也叫做 C^2R 模型[1]。该法是在"相对效率评价"概念基础上发展起来的一种新的系统分析方法,是运筹学研究的新领域。它主要采用数学规划方法,利用观察得到的系统输入输出数据,对生产部门生产的技术有效性和规模有效性进行评价。自此以后 DEA 方法不断完善并在实际中广泛应用。1984 年,R.D.Bannker、A.Charnes 和 W.W.Cooper 提出了评价技术相对有效性的 BCC 模型,从公理化的理念出发,构造了生产可能集,在此基础上应用经济学家 Shephard 定义的生产投入集和生产产出对应集的"距离函数",证明评价生产规模和技术共有有效性的数学规划模型与评价决策单元(Decision Making Unit,简称 DMU)相对有效性的 C^2R 模型具有相同的形式,从而奠定了 DEA 方法的理论基础,同时将其从评价生产相对有效性推广至更一般的生产前沿面有效性分析中[2]。1985 年,A.Charnes、W.W.Cooper 和 B.Golany、L.Seiford 、J.Stutz 给出了另一个模型 C^2GS^2,这一模型是用来研究生产部门间的"技术有效性"的[3]。1986 年,A.Charnes、W.W.Cooper 和 Wei(魏权龄)利用 A.Charnes、W.W.Cooper 和 K.Kortanek 于 1962 年提出的半无限规划理论,研究了具有无穷多个决策单元的情况，给出了一个新的数据包络模型 C^2W[4]。1987 年，A.Charnes、W.W.Cooper、Wei(魏权龄)、Huang(黄志民)又得到了称为锥比率的数据包络模型 C^2WH，可用来处理具有过多的输入及输出的情况，而且锥的选取可以体现决策者的“偏好”，运用此模型可以将 C^2R 模型中确定出的 DEA 有效 DMU 进行分类或排队[5]。

近几年来，DEA 方法在水资源管理问题中已有所应用，但研究问题的面较窄，应用领域需进一步拓宽[6~8]。

9.2 DEA 基本概念、解决问题的思路、求解步骤

9.2.1 评价规模有效性的 C^2R 模型

9.2.1.1 C^2R 模型[9~12]

设有 n 个 DMU，每个 DMU 都有 m 种投入和 s 种产出，如表 9-1所示。

表 9-1 DMU 及其投入产出数据

投入与产出		DMU					
		1	2	…	j	…	n
投入 1	v_1	x_{11}	x_{12}	…	x_{1j}	…	x_{1n}
投入 2	v_2	x_{21}	x_{22}	…	x_{2j}	…	x_{2n}
⋮	⋮	⋮	⋮	⋮	⋮	⋮	⋮
投入 m	v_m	x_{m1}	x_{m2}	…	x_{mj}	…	x_{mn}
产出 1	u_1	y_{11}	y_{12}	…	y_{1j}	…	y_{1n}
产出 2	u_2	y_{21}	y_{22}	…	y_{2j}	…	y_{2n}
⋮	⋮	⋮	⋮	⋮	⋮	⋮	⋮
产出 s	u_s	y_{s1}	y_{s2}	…	y_{sj}	…	y_{sn}

表 9-1 中 x_{ij} 表示第 j 个 DMU 的第 i 种投入量，y_{rj} 表示第 j 个 DMU 的第 r 种产出量。v_i 和 u_r 分别表示各投入及产出的权值，如果用向量 X_j 和 Y_j 分别表示各 DMU 的投入与产出，V 和 U 分别为权值向量，则得

$$X_j = (x_{1j}, x_{2j}, \cdots, x_{mj})^{\mathrm{T}}$$
$$Y_j = (y_{1j}, y_{2j}, \cdots, y_{sj})^{\mathrm{T}}$$
$$V = (v_1, v_2, \cdots, v_m)^{\mathrm{T}}$$
$$U = (u_1, u_2, \cdots, u_s)^{\mathrm{T}}$$

式中：$i=1,2,\cdots,m$；$j=1,2,\cdots,n$；$r=1,2,\cdots,s$。

定义第 j 个 DMU 的效率评价指数为

$$h_j = \frac{\sum_{r=1}^{s} u_r y_{rj}}{\sum_{i=1}^{m} v_i y_{ij}}, j = 1,2,\cdots,n \tag{9-1}$$

评价第 j_0 个 DMU 效率的数学模型为

$$\left.\begin{aligned} &\max = \frac{\sum_{r=1}^{s} u_r y_{rj_0}}{\sum_{i=1}^{m} v_i y_{ij_0}} = V_{\overline{P}} \\ &\text{s.t.}\quad \frac{\sum_{r=1}^{s} u_r y_{rj_0}}{\sum_{i=1}^{m} v_i y_{ij_0}} \leqslant 1 \end{aligned}\right\} \tag{9-2}$$

其向量表达式为

$$(\overline{P})\begin{cases} \max \dfrac{U^{\mathrm{T}} Y_0}{V^{\mathrm{T}} X_0} = V_{\overline{P}} \\ \text{s.t.}\quad \dfrac{U^{\mathrm{T}} Y_j}{V^{\mathrm{T}} X_j} \leqslant 1, j = 1,2,\cdots,n \\ \qquad U \geqslant 0, V \geqslant 0 \end{cases} \tag{9-2$'$}$$

数学规划模型式(9-2′)即是前文提到的第一个 C^2R 模型,它是以权系数为非负变量,以 j_0 个 DMU 的效率指标为目标,以所有决策单元的效率指数 $h_j \leqslant 1, j=1,2,\cdots,n$ 为约束的非线性规划模型。相比较而言,线性规划的理论与计算方法都较非线性模型易于求解,因此将式(9-2′)变化为线性规划模型的想法是自然的。通过 Charnes-Cooper 变换

$$\overline{\omega} = tV, \mu = tU, t = \frac{1}{V^{\mathrm{T}} X_0}$$

可以化为等价的线性规划问题

$$(P)\begin{cases} \max \mu^{\mathrm{T}} Y_0 = V_P \\ \text{s.t.}\ \overline{\omega}^{\mathrm{T}} X_j - \mu^{\mathrm{T}} Y_j \geqslant 0, j = 1,2,\cdots,n \\ \quad \overline{\omega}^{\mathrm{T}} X_0 = 1 \\ \quad \overline{\omega} \geqslant 0, \mu \geqslant 0 \end{cases} \tag{9-3}$$

可以证明式(9-3)和式(9-2)是等价的,且式(9-3)的最优解 $\overline{\omega}^0$ 和 μ^0 也是式(9-2)的最优解。线性规划问题式(9-3)的对偶线性规划模型具有明确的经济意义。下面写出式(9-3)的对偶形式

$$(D)\begin{cases} \min \theta = V_D \\ \text{s.t.}\ \sum_{j=1}^{n} \lambda_j \cdot X_j \leqslant \theta \cdot X_{j_0} \\ \quad \sum_{j=1}^{n} \lambda_j \cdot Y_j \geqslant Y_{j_0} \\ \quad \lambda_j \geqslant 0, \theta \leqslant 1, j = 1,2,\cdots,n \end{cases} \tag{9-4}$$

式中:$\lambda_1, \lambda_2, \cdots, \lambda_n$ 为 DMU 的权重变量;θ 为待定参变量。

第 j_0 个 DMU 是否有效,主要取决于这些参数的取值。模型式(9-4)的经济意义非常明显,即如果能找到 DMU 的某种线性组合,使其产出不低于第 j_0 个 DMU 产出,则说明第 j_0 个 DMU 不是有效的,反之,该 DMU 是规模有效或技术有效的。

模型式(9-4)是从产出不变、投入减小的角度构造的。如果从产出减小、投入不变的角度考虑,可构造与式(9-4)形式对称的模型

$$(D')\begin{cases} \max\alpha = V_{D'} \\ \text{s.t.} \sum_{j=1}^{n} \lambda_j \cdot X_j \leqslant X_{j_0} \\ \sum_{j=1}^{n} \lambda_j \cdot Y_j \geqslant \alpha \cdot Y_{j_0} \\ \lambda_j \geqslant 0, \alpha \geqslant 1, j = 1,2,\cdots,n \end{cases} \tag{9-5}$$

引入松弛变量和剩余变量 S^- 和 S^+,将不等式约束变为等式约束,则对应式(9-4)、式(9-5)两式,可得模型

$$(D)\begin{cases} \min\theta = V_D \\ \text{s.t.} \sum_{j=1}^{n} \lambda_j \cdot X_j + S^- = \theta \cdot X_{j_0} \\ \sum_{j=1}^{n} \lambda_j \cdot Y_j - S^+ \leqslant Y_{j_0} \\ \lambda_j \geqslant 0, \theta \leqslant 1, S^-、S^+ \geqslant 0, j = 1,2,\cdots,n \end{cases} \tag{9-6}$$

$$(D')\begin{cases} \max\alpha = V_{D'} \\ \text{s.t.} \sum_{j=1}^{n} \lambda_j \cdot X_j + S^- \leqslant \theta \cdot X_{j_0} \\ \sum_{j=1}^{n} \lambda_j \cdot Y_j - S^+ = \alpha \cdot Y_{j_0} \\ \lambda_j \geqslant 0, \alpha \geqslant 1, S^-、S^+ \geqslant 0, j = 1,2,\cdots,n \end{cases} \tag{9-7}$$

其中:$S^- = (s_1^-, s_2^-, \cdots, s_m^-)$,$S^+ = (s_1^+, s_2^+, \cdots, s_m^+)$。

模型式(9-2)~式(9-7)统称为 C^2R 模型。考虑到模型之间的等价性和相似性,本书仅就模型式(9-6)做进一步的研究。

9.2.1.2 C^2R 模型的有效性讨论

定义有效性：如果存在全部 DMU 的某个组合，与要判别的第 j_0 个 DMU 相比，同产出时投入较小或同投入时产出较多，则第 j_0 个DMU 就不是相对有效的；否则，就是相对有效的。DEA 有效指技术有效且规模有效。弱 DEA 有效指要么技术有效，要么是规模有效，却不是两者都有效。至于是规模有效还是技术有效，这里不作过多讨论，有兴趣的读者可参阅有关文献。

判断定理 9.1：

(1)若式(9-6)的最优值 $V_D=1$，则第 j_0 个 DMU 弱 DEA 有效，反之亦然。

(2)若式(9-6)的最优值 $V_D=1$，且每个亦最优解中 $S^{*-}=0$，$S^{*+}=0$，则第 j_0 个 DMU 为 DEA 有效，反之亦然。

9.2.1.3 C^2R 模型的求解

根据判断定理 9.1，对基于模型式(9-6)的解进行有效性评定时比较困难，因为需要对每个最优解中的 $S^{*-}=0, S^{*+}=0$ 进行判断。实际计算时，我们可以采用下面的模型

$$(D_\varepsilon)\begin{cases}\max[\theta-\varepsilon(\hat{E}^{\mathrm{T}}S^-+E^{\mathrm{T}}S^+)]=V_{D_\varepsilon}\\ \text{s.t.}\ \sum_{j=1}^{n}\lambda_j\cdot X_j+S^-=\theta\cdot X_{j_0}\\ \sum_{j=1}^{n}\lambda_j\cdot Y_j-S^+=Y_{j_0}\\ \lambda_j\geqslant 0,\theta\leqslant 1,S^-、S^+\geqslant 0,j=1,2,\cdots,n\end{cases}\tag{9-8}$$

式中：$\hat{E}^{\mathrm{T}}=(1,1,\cdots,1)^{\mathrm{T}}_{1\times m}$；$E^{\mathrm{T}}=(1,1,\cdots,1)^{\mathrm{T}}_{1\times s}$；$\varepsilon$ 为阿基米德无穷小量。

判断定理 9.2：

(1)若式(9-8)的最优值 $\theta^*=1$，则第 j_0 个 DMU 弱 DEA 有效。

(2)若式(9-8)的最优值 $\theta^* = 1$,且存在最优解 $S^{*-}=0$, $S^{*+}=0$,则第 j_0 个 DMU 为DEA有效。

由判断定理9.2,用基于模型式(9-8)的解来判断某DMU的有效性时,只需检查一个解满足 $\theta^* = 1, S^{*-}=0, S^{*+}=0$ 即可,不必检查所有的解。

9.2.2　评价技术有效性的 C^2GS^2 模型

9.2.2.1　生产可能集

定义9.1　生产可能集是指一些可能的生产活动的集合。可用下式表示

$$T = \{(X, Y) \mid \text{产出 } Y \text{ 是可以由投入} X \text{ 生产出来的}\}$$

其中"生产"二字的含义不仅指工业生产和农业生产,一般的管理活动也可视为生产活动。在此意义下,DEA的应用领域可以大大拓展。

由于 n 个DMU是实际的"生产"活动,因此 $\forall (X_j, Y_j), j = 1,2,\cdots,n, (X_j, Y_j) \in T$。

生产可能集应满足下面4条公理:

公理9.1　凸性　如果 $\forall (X, Y), (\hat{X}, \hat{Y}) \in T, \lambda \in [0,1]$,下式成立

$$\lambda(X,Y) + (1-\lambda)(\hat{X},\hat{Y}) = [\lambda X + (1-\lambda)\hat{X}, \lambda Y + (1-\lambda)\hat{Y}] \in T$$

公理9.2　锥性　$\forall (X, Y) \in T, \lambda \geqslant 0$,下式成立

$$\lambda(X, Y) = (\lambda X, \lambda Y) \in T$$

公理9.3　无效性

①　$\forall (X, Y) \in T$,并且 $\hat{X} \geqslant X$,均有 $(\hat{X}, Y) \in T$;

②　$\forall (X, Y) \in T$,并且 $\hat{Y} \leqslant Y$,均有 $(\hat{X}, Y) \in T$。

公理9.4　最小性　生产可能集 T 是满足公理9.1～公理9.3的所有集合的交集。

可以证明,由 $(X_j, Y_j), j = 1,2,\cdots,n$ 决定的满足公理9.1～

公理 9.4 的生产可能集 T 是唯一的,且 T 可由下式描述

$$T = \{(X,Y) \mid \sum_{j=1}^{n} X_j\lambda_j \leqslant X, \sum_{j=1}^{n} Y_j\lambda_j \geqslant Y, \lambda_j \geqslant 0, j = 1,2,\cdots,n\} \tag{9-9}$$

事实上,由于 $j = 1,2,\cdots,n$,凸性和锥性可以保证其任意组合 $\left(\sum_{j=1}^{n} X_j\lambda_j, \sum_{j=1}^{n} Y_j\lambda_j\right) \in T$。无效性保证满足式(9-10)的$(X,Y) \in T$

$$Y \leqslant \sum_{j=1}^{n} \lambda_j Y_j, X \geqslant \sum_{j=1}^{n} \lambda_j X_j \tag{9-10}$$

显然,满足式(9-10)的(X,Y)的集合是满足公理 9.1~公理 9.3 的最小集合。

考虑到模型式(9-6),由于$(X_{j_0}, Y_{j_0}) \in T$,因此

$$X_{j_0} \geqslant \sum_{j=1}^{n} \lambda_j X_j, Y_{j_0} \leqslant \sum_{j=1}^{n} \lambda_j Y_j$$

式中:$\lambda_j \geqslant 0, j = 1,2,\cdots,n$。容易理解,模型式(9-6)表示在生产可能集 T 中,当产出 Y_{j_0} 保持不减的条件下,将投入量 X_{j_0} 按同一比例 θ 减小。

9.2.2.2 C²GS² 模型

上述 9.2.2.1 节的 C²R 模型在进行有效性评定时,涉及到的生产可能集 T 是一个多面图锥,集合形式如式(9-9),它满足生产可能集公理系统的凸性、锥性、无效性和最小性。实际问题中,有时生产可能集不能用凸锥来描述,而用凸多面体来描述则较为合适。比如 C²GS² 模型涉及的生产可能集就是凸多面体,且仅用来评价 DMU 的技术有效性。类似于式(9-9),构造式(9-11)

$$T = \{(X,Y) \mid \sum_{j=1}^{n} X_j\lambda_j \leqslant X, \sum_{j=1}^{n} Y_j\lambda_j \geqslant Y, \sum_{j=1}^{n} = 1, \lambda_j \geqslant 0, j = 1,2,\cdots,n\} \tag{9-11}$$

显然这里的 T 仅满足生产可能集公理系统的凸性、无效性和最小性。

基于式(9-11)的生产可能集,考虑如下的线性规划

$$(D)\begin{cases}\min\theta = V_D \\ \text{s.t.} \sum_{j=1}^{n}\lambda_j \cdot X_j \leqslant \theta \cdot X_{j0} \\ \sum_{j=1}^{n}\lambda_j \cdot Y_j \geqslant Y_{j0} \\ \sum_{j=1}^{n}\lambda_j = 1 \\ \lambda_j \geqslant 0, \theta \leqslant 1, j = 1,2,\cdots,n\end{cases} \tag{9-12}$$

依据与9.2.2.1节中的同样道理判断DMU有效性的线性规划问题

$$(D_\varepsilon)\begin{cases}\max[\theta - \varepsilon(\hat{E}^{\mathrm{T}}S^- + E^{\mathrm{T}}S^+)] = V_{D_\varepsilon} \\ \text{s.t.} \sum_{j=1}^{n}\lambda_j \cdot X_j + S^- = \theta \cdot X_{j_0} \\ \sum_{j=1}^{n}\lambda_j \cdot Y_j - S^+ = Y_{j_0} \\ \sum_{j=1}^{n}\lambda_j = 1 \\ \lambda_j \geqslant 0, \theta \leqslant 1, S^-、S^+ \geqslant 0, j = 1,2,\cdots,n\end{cases} \tag{9-13}$$

式中各符号意义同9.2.2.1节。

定理判断9.3:

(1)若式(9-13)的最优值 $\theta^* = 1$,则第 j_0 个DMU弱DEA有效(C^2GS^2)。

(2)若式(9-13)的最优值 $\theta^* = 1$,且存在最优解 $S^{*-} = 0$, $S^{*+} = 0$,则第 j_0 个DMU为DEA有效(C^2GS^2)。

9.3 模型中几个应注意的问题

(1)本章讨论的 C^2R 和 C^2GS^2 模型都是基于“产出不变,投入减小”的理念构造的,这类模型称为基于投入的模型,直接用于研究投入的有效性。相反,从“投入不变,产出增加”的理念构造的模型称为基于产出的模型,可用于直接研究产出的有效性。两种模型最优解之间存在如下的关系。

设模型式(9-4)的最优解为

$$\lambda^*, S^{*-}, S^{*+}, \theta^*$$

模型式(9-5)的最优解为

$$\lambda^0, S^{0-}, S^{0+}, \alpha^0$$

则有

$$\lambda^0 = \frac{1}{\theta^*}\lambda^*, S^{0-} = \frac{1}{\theta^*}S^{*-}, S^{0+} = \frac{1}{\theta^*}S^{*+}, \alpha^0 = \frac{1}{\theta^*}$$

(2)评价对象是同种类型的 DMU,既可以是空间维的,也可以是时间维的。

(3)DEA 方法不直接对指标数据进行综合,运用此类模型无需对指标值进行无量纲化处理。

(4)DEA 方法具有聚类的功能。它可以将评价对象分为 3 大类:DEA 有效类、弱 DEA 有效类、非 DEA 有效类。对第一类和第二类,DEA 方法并不对其进行排序,而对于第三类,可按各 DMU 的相对有效性值排序,θ^* 越小其相对有效性越差。更为重要的是,对第二类和第三类 DMU 可以找出“生产”过程中存在的问题,为管理提供更为丰富的信息。比如可以利用求得的 θ^* 值算出在产出不变的情况下投入的减小值。

9.4 应用实例

表 9-2 中的数据[13]投入选择了 5 个指标,产出选择了 4 个指标,这些指标总体上反映了不同省(市、区)城市供水的投入产出水平。其中的职工总数看成是生产要素时,视为投入指标,当考虑就业因素时,则可视为产出因素。本次计算视为前者。

表 9-2　1999 年部分省(市、区)供水投入产出指标数据

序号	省(市、区)	投入					产出			
		耗电总量(万 kWh)	水厂数总计(座)	管道直径长度 75mm 以上(mm)	综合生产能力(万 m^3/d)	职工总数(人)	售水量(万 m^3/a)	年末用水人口(万人)	普及率(%)	年销售收入(万元)
1	北京	20 939.3	11	5 611.4	301.8	5 120	68 079.6	542.14	100	72 201
2	天津	13 111.28	5	2 838.77	195.7	2 390	3 663.78	427.65	100	33 562.17
3	河北	6 941.48	67	3 224.23	1 163.16	2 622	71 105.64	685.57	94.29	13 921
4	山西	6 514.41	46	2 888.88	147.85	1 756	37 053.45	518.13	93	20 230.03
5	内蒙古	2 638	34	1 654.1	74.32	2 576	18 820.18	273.22	73.72	5 998
6	辽宁	17 922.2	107	14 490.41	878.91	7 402	120 465.8	1 426.17	90	36 905.7
7	吉林	17 566.4	62	4 011	247.52	3 964	40 812.6	579	86	56 367.2
8	黑龙江	12 797.8	49	2 822.64	197.56	2 804	39 916.3	508.51	84.38	22 459
9	上海	33 119	13	7 168	717.67	10 079	148 924	937.82	100	106 826
10	江苏	13 090.16	88	8 092.85	932.6	2 795	171 596.5	1 252.39	86.81	24 992.22
11	浙江	9 533.57	77	7 985.5	587.95	1 728	99 855.97	722.4	99.87	26 189
12	安徽	2 332.84	45	3 025.34	382.5	993	63 334.59	399.9	98.73	11 637.6
13	福建	7 103.81	43	3 391.79	376.2	1 534	66 484.78	452.93	94.2	18 086.08

续表 9-2

序号	省(市、区)	投入					产出			
		耗电总量(万 kWh)	水厂数总计(座)	管道直径长度75mm以上(mm)	综合生产能力(万 m³/d)	职工总数(人)	售水量(万 m³/a)	年末用水人口(万人)	普及率(%)	年销售收入(万元)
14	江西	7 547.43	46	5 069.99	246.5	1 647	49 065.46	395.95	84.53	12 798.16
15	山东	9 259	144	10 568.77	674.26	3 053	119 730.1	1 209.54	99.71	17 498
16	河南	7 410.3	99	5 770.72	523.42	3 542	89 831.78	933.32	86.63	17 992.31
17	湖北	21 003.1	72	6 557.13	2 496.3	5 082	146 310.5	942.32	86.76	34 011
18	湖南	12 872	46	4 406	543.8	1 740	106 553	625.6	98.23	21 453
19	广东	34 659	128	16 372.02	1 719.1	4 343	362 318	1 879.52	95.81	100 735
20	广西	6 132.33	47	2 545.42	314.8	1 409	60 697.26	420	94.89	13 198.42
21	海南	3 386.08	21	12 11.3	115.63	1 290	14 229.4	131.1	95.03	8 332.8
22	重庆	22 036	9	955.6	126.5	2 856	26 152.25	258.7	71.13	22 804
23	四川	2 513.74	77	4 699.38	345.05	1 886	62 257.82	655	92.8	19 851
24	贵州	6 466.73	28	1 233.71	96.45	931	19 295.6	267.92	82.65	9 185
25	云南	5 396.59	31	2 229.11	86.86	1 619	30 968.48	272.19	94.83	17 467.47
26	陕西	7 281.27	36	2 201.22	182.8	2 551	38 335.02	416.95	94.25	16 884.18
27	甘肃	8 468.34	16	1 114.59	145.2	2 673	31 282.06	228.41	84.85	13 584.25
28	青海	1 120	9	734	59.59	905	8 918	88.14	96.49	3 079.7
29	宁夏	1 679	17	677.29	31.59	836	6 860.28	77.7	85.76	3 132
30	新疆	957	8	631.8	58.7	874	15 544	166.73	78.5	8 657

通过上文(C^2R 模型)计算出的 θ 值列于表 9-3。

表 9-3　结算结果

省(市、区)	北京	天津	河北	山西	内蒙古	辽宁	吉林	黑龙江	上海	江苏
θ值	1	1	1	1	1	0.858	1	0.828	1	1
省(市、区)	浙江	安徽	福建	江西	山东	河南	湖北	湖南	广东	广西
θ值	1	1	0.896	0.862	1	0.928	0.909	1	1	1
省(市、区)	海南	重庆	四川	贵州	云南	陕西	甘肃	青海	宁夏	新疆
θ值	0.776	1	1	1	1	0.802	1	1	1	1

从表9-3可以看出，辽宁、黑龙江、福建、江西、河南、湖北、海南、陕西为非DEA有效，其他至少为弱DEA有效。而较差到最差的顺序是河南、湖北、福建、江西、辽宁、黑龙江、陕西、海南。

9.5　结果分析

(1)从生产函数的角度看，C^2R模型是用来研究具有多个输入，特别是具有多个输出的“生产部门”同时为“规模有效”与“技术有效”的十分理想且卓有成效的方法。

(2)DEA模型都可以看做处理具有多个输入（输入愈小愈好）和多个输出（输出愈大愈好）的多目标决策问题的方法。可以证明，DEA有效性与相应的多目标规划问题的pareto有效解（或非支配解）是等价的。

(3)DEA可以看做一种统计分析的新方法。它是根据一组关于输入—输出的观察值来估计有效生产前沿面的。在经济学和计量经济学中，估计有效生产前沿面通常使用统计回归以及其他一些统计方法，这些方法估计出的生产函数并没有表现出实际的前沿面，得出的函数实际上是非有效的。因为这种估计是在不区分非有效决策单元与有效决策单元的情况下得出的。在有效性的评价方面，除了 DEA 方法之外，还有其他的一些方法，但是这些方法几乎都限于单输出的情况。相比之下，DEA 方法处理多输入特别是多输出问题的能力具有绝对的优势。同时，DEA 方法不仅可以用线性规划来判断决策单元对应的点是否在有效生产前沿面上，而且可以获得许多有用的管理信息。因此，它比其他的一些方法(包括采用统计的方法)优越，用处也更广泛。

(4)由于资料的限制，投入产出指标数量较少，因此没有进行指标之间的筛选工作。

(5)指标在评价时的作用显然有区别，讨论带权的决策单元的有效性是有意义的研究工作。

9.6 小 结

加强区域水资源管理对于缓解区域，乃至更大范围内日益严重的水危机具有重要的意义。对区域水资源管理水平进行评价，选出管理的样板，树立好典型，有利于水资源持续利用。区域水资源管理水平评价包括对不同区域相同时段内的评价和对同一区域内不同时段的评价。本章介绍了数据包络分析(简称 DEA)的基本概念、解决问题的思路以及具体的算法。将其应用到我国 1999 年各省(市、区)(不含港、澳、台)宏观水资源管理水平评价，得出了满意的结果，评价结果与实际情况是相符的。DEA 方法在水资源领域的成功应用，为客观真实地评价水资源管理的绩效提供了一条可行的途径。

参考文献

[1] Charnes A, Cooper W W, Rhodes E. Measuring the efficiency of decision making units[J]. European Journal of Operational Research, 1978(2).

[2] Banker R D, Charnes A, Cooper W W. Some models for estimating technical and scale inefficiencies in Data Envelopment Analysis[J]. Management Science, 1984, 30(9).

[3] Charnes A, Stutz, et al. Foundations of Data Envelopment Analysis for Pareto – Koopmans efficient empirical production functions[J]. Journal of Econometrics, 1985(30).

[4] Charnes A, Cooper W W, Wei Q L. A Semi – infinite Multiccriteria Programming Approach to Data Envelopment Analysis with infinitely Many Decision – Making Units[R]. The University of Texas at Austin, Center for Cybernetic Studies Report CCs575, 1987.

[5] Charnes A, et al. Fundamental Theorems of Nondominated Solutions Associated with Cones in Normaed Linear Space[R]. The University of Texas at Austin, Center for Cybernetic Studies Report CCs551, 1986.

[6] Emmanuel Thanassoulis. The use of data envelopment analysis in the regulation of UK water utilities[J]. Water distribution European Journal of Operational Research, 2000, 26(2): 436～453.

[7] Emmanuel Thanassoulis. DEA and its use in the regulation of water companies[J]. European Journal of Operational Research, 2000, 127(1): 1～13.

[8] Dyckhoff H, Allen K. Measuring ecological efficiency with data envelopment analysis (DEA)[J]. European Journal of Operational Research, 2001, 132(1): 312～325.

[9] 魏权龄. 评价相对有效性的 DEA 方法[M]. 北京：中国人民大学出版社，1987.

[10] 盛昭瀚，朱乔，吴广谋. DEA 理论、方法与应用[M]. 北京：科学出版社，1996.

[11] 胡永宏,贺思辉.综合评价方法[M].北京:科学出版社,2000.
[12] 曾珍香,顾培亮.可持续发展的系统分析与评价[M].北京:科学出版社,2000.
[13] 中国城镇供水协会.2000年城市供水年鉴[S].2000.

第 10 章　群决策理论方法及其在水资源管理决策分析中的应用

10.1 引　言

10.1.1　群决策内涵

关于群决策的含义,如果从字面上理解似乎非常容易,群决策就是群体决策,那么,什么是群体?决策的含义是什么?学者们有不同的理解和解释。国外学者 Hwang 给群决策的定义是,把不同成员的关于方案集合中方案的偏好按某种规则集结成为决策群体的一致或妥协的群体偏好序[1]。Hwang 的定义强调了群体决策过程是寻找各个个体都能接受的群体效用函数。Luce、Raiffa 和 Arrow 认为群体决策问题是定义一个"公平"的方法集结个体的选择来达成一项社会决策[2~3]。陈珽认为,人总是生活在社会中,社会中每一个部门所制订的每一项决策,必然影响到一群人,因此每一项决策都应当尽量满足受它影响的群众的愿望和要求。群众的要求通常是通过他们的代表去反映的,这些代表组成了各种各样的委员会(或领导班子),称之为群。集中群中各成员的意见以形成群的意见,这就是群决策[4]。从文献中可知,陈所谓的"决策"指的是社会实践的行动方案。李令跃的看法是,待决策的问题涉及到一个以上的利益集团的利益关系时,最好的方法就是采用多决策者的群决策模式。根据身份,"多决策者"分为群众类、专家类、领导类,根据专业可分为社会学专家、经济学专家、环境学专家、水资源学专家等。采用多决策者的决策称为群决策,也叫集团决策。群决策又可分为团体决策、国家决策、国际决策等[5]。贺仲雄认为,所谓群决策,就是把利益、倾向及侧重点不同甚至矛盾的一些个体的优先、偏好综合为群体的优先与偏好,从而进行决策[6]。李荣钧认为,在现代社会生活中,实际决策的形成往往不是一个人说了算的。由于各种决策问题变得越来越复杂,在许多情况下都必须集中一群人的智慧来共同解决决策问题。而不同的决策者对同一问题的理解和愿望彼此不同甚至是相互抵触和矛盾的,根据每个成员的偏好形成整个群体的偏好,即从单一优先关系或单一效用函数形成群体优先关系或群体效用函数,进而排列方案的优劣次序,这便是群决策[7]。邱菀华认为,群决策是研究多人如何作出统一的有效抉择。多个个体组成群体,个体间可能是合作的,也可能是竞争的,还可以是复杂联合的以及合作基础上的有限竞争但必须合作作出择一的决策行为[8]。群决策已成为数学、政治学、经济学、社会心理学、行为科学、管理学和决策科学等多门学科的交叉点。不同学科各有其对群体决策研究的侧重点,从而形成了各式各样的群决策的定义。

学者们从不同的角度阐述了群决策的含义,有的强调了决定者的非唯一性及其组成特点,有的强调了决策方式。本书从水资源管理决策分析的角度给群决策如下的定义:相异的两个以上个体,面对共同关注的问题,作出彼此都能接受的决定的过程叫群决策。在此意义下,多属性群决策分析包括群体对问题的识别、群体对指标的选择、群体对权重的确定、群体对管理活动达到某种水平形成共识或对行动方案作出决策。

10.1.2 水资源管理中的群决策问题

在水资源规划管理工作中,存在着大量的需要进行群体决策的问题。从世界范围来看,国与国之间,尤其是邻国之间,存在跨边界水(transboundary water)问题,如何通过协商、合作共同管理好跨界水,使得有关国家的利益能得到公平、公正的维护,对于维护世界和平、促进共同进步与繁荣很关键。在一国范围内,特别是大国,由于地区之间水资源条件不同,出于整个国家的利益,可能需要修建一些大型的调水工程,比如中国已经开始实施的的南水北调工程,美国已经建成并正在发挥作用的北水南调工程,这些工程的实施必然引起调水区与受水区社会、经济和生态环境的原始状态的改变,这种改变在时间和空间上存在两面性,即近期与远期的矛盾、不同区域之间的矛盾、国家利益与地区利益之间的矛盾。要使这些工程能很好地建设并充分发挥作用,在工程规划、设计和运行等各个阶段,协调好中央与地方、地方与地方之间的关系很重要。在流域范围内,为了灌溉、防洪、城镇生活、工业生产、发电、娱乐等方面的考量,可能需要修建大、中、小型的水利工程设施,工程的修建必然触及到上下游、左右岸、城乡之间、生产生活与生态等之间的利益关系,这些利益关系处理得好坏与否,是工程规划及运行管理好坏的重要标志。另外,在灌区的续扩建规划和灌区日常管理的事务中,不仅涉及到不同用户之间如何分水和投资的分摊问题,也涉及用户的参与管理问题,比如灌溉水价的制定等,这些问题解决得好,灌区的管理效率和效益都会提高,灌区社会经济就有快速发展的机会。

既然水资源规划管理中群体决策是普遍存在的现象,那么从理论上对其规律进行研究,发掘适合于水资源管理的群决策理论和方法,对于提升水资源管理的技术含量、保障水资源的可持续利用有重要的理论意义和实用价值。

10.1.3　研究现状及存在的问题

国外对群决策理论和方法的探讨始于对社会选举方法的研究[6]。社会选举方法的形成和发展可以划分为三个历史时期。

第一时期发生在18世纪的法国,代表人物为Borda(1781)和Condorcet(1785)。第二时期发生在19世纪60~90年代的英国,其代表人物为Dodgson(1876)和Nanson(1883)。第三时期发生在20世纪50~80年代的美国,其代表人物为Arrow(1950,1963)、Gibbard(1973)和Satterthwaite(1975)。

选举需要解决的根本问题是如何在充分考虑个人意愿的基础上形成合理的全社会的选举结果。对于只有两个候选人的选举情况,简单多数的选举原则被普遍认为是公正可行的。如果候选人个数超过3个(包括3个),就会出现所谓的“多数悖论”,或称为Condorcet现象。为了克服此种现象在选举理论上造成的干扰,许多不同的群决策方法被提出,最终形成了社会选举函数和社会福利函数两大类别。前者主要用于解决政治选举问题,后者主要用于经济决策问题。当方案集为有限集时,社会选举函数和社会福利函数是完全等价的,只有当方案集为无限时,社会选举函数才不同于社会福利函数。

水资源规划管理方案的选择实质上属于经济决策问题,而且从理论上讲,尽管实际工作中规划的备选方案是有限集,但在水资源系统的多目标规划问题中,规划方案集是无穷多个,这些备选方案也是依据一定的程序从无穷多个方案集中选出的,因此本书只考虑社会福利函数。

所谓社会福利函数,可定义如下:

设有一组方案 $A=\{A_1,A_2,\cdots,A_n\}$,一群决策者 $D=\{D_1,D_2,\cdots,D_m\}$。一个社会福利函数 f 是将决策者个人 D_i 在方案 A 集上的独立序关系 R_i 合成为决策群整体 D 在 A 上的总序关系 R 的法则,即 f 是从积空间 R_m 到空间 R 上的映射,记为

$$f:(R_1,R_2,\cdots,R_m)\rightarrow R \text{ 或 } R=f(R_1,R_2,\cdots,R_m) \tag{10-1}$$

社会福利函数的概念由Bergson(1938)提出,经过Samuelson

(1947)、GoodmanMarkowits(1952)的改进和发展,并由 Arrow(1963)加以创新和推广。此后,Kirkwood(1972)、Bowman-Colantoni(1973)、Gibbard(1973)、Blin-Whinston(1974)、Satterthwaite(1975)、Farris-Sage(1975)、Parks(1976)、Pollak(1979)、Dyer-Sarin(1979)、Mackay(1980)、Bowers(1981)、Grether-Plott(1982)、Fishburn(1983,1987)、Nurmi(1987)、Merrill(1988)、Enelow-Hinich(1989)等人在 Arrow 的不可能性定理的基础上提出了各种改进的方法。Luce-Raiffa(1957)、Rotheberg(1961)、Kelly(1978)和 Fishburn(1973,1984,1990)对各种福利函数都有过精辟的论述。

文献表明,国外对群决策理论和方法在水资源管理上的应用的研究主要集中在决策支持系统的研究上面。研究的对象主要是单个水资源工程的社会经济和环境影响、单一河流或湖泊的规划和管理问题,采用的技术手段是,通过网络搜集不同利益集团对方案集的偏好意见,然后采用简单的数学模型计算出最终的妥协方案[9~12]。总体上,由于国家的政体、行政管理方式、社会经济发展状况和人们思想观念的差异,使得国外水资源规划管理不论从理论上还是实践上都与我国不完全相同。国外基于计算机网络的水资源管理群决策方式优缺点都存在,优点是充分利用现代信息技术的便利,使参与决策的人数更加广泛。由于不是人与人之间面对面的交流,而是人机之间的交流,人们可以更加自由地表达自己的观点[13]。目前存在的不足是,针对大范围区域内水资源总体规划的群决策问题研究不够,其表现是研究者人数很少,深度也较浅,更多的是单人多属性的决策分析[14~24]。客观地讲,一些发达国家的学者对水资源问题及其带来的环境恶化和人口贫困问题进行理论上的研究较多,不过这些学者所在国的水资源问题比起欠发达国家的水资源问题轻得多,虽然一些学者对欠发达国家的水资源问题予以了关注,但是这些国家的基础研究数据很难取得,因此西方一些学者不管开发出来的软件多么“先进”,都很难不给人以“牛刀宰鸡”的印象。

国内把多属性群决策作为一个问题加以引进和研究始于20世纪80年代初，1983年黄孟藩介绍了决策群体——智囊机构的产生过程，讲述了国外智囊机构的特点及其组织形式。该文献对我国学者就群决策中的“群”的概念有一定的影响，即一提群决策，人们就认为是利益一致多人参与的决策[25]。牛林山在其译著中介绍了冲突决策，主要阐述了两人零和对策，多数学者将冲突决策归入对策论，考虑到对策论仍属决策的范畴，参与者至少两个以上，因此这里介绍我国群决策的研究现状时把冲突决策也提出来了[26]。1986年姜圣阶对决策机构进行了分析，提出了智能结构学概念、决策机构的优化设计和决策机构的评价准则。其贡献在于对群决策中的群体的优化结构进行了研究，提出了有益的设想[27]。1987年陈珽介绍的群决策的理论和方法是真正意义上的西方现代定量化群决策的理论和方法。文献中讲述了福利经济学、社会福利函数、群效用函数等概念及Arrow的不可能定理，提出了通过委托过程或运用Nash谈判模型或由群价值判断，求群效用函数以及逐步形成群的意见和用德尔菲法求解群决策问题的方法，对多目标群决策问题也进行了初步探讨[4]。该文献在中国现代管理科学决策理论的研究进程中具有里程碑性质的意义，此后中国决策分析理论及其应用研究大多是在此基础上进行的。1988年邹晓健介绍了国外关于决策科学的研究情况，但关于群决策的内容很少。他把群决策模式称之为集体决策，阐述了集体的基本概念、集体决策的优缺点及集体经常遇到的问题，并对影响成功地进行集体决策的因素进行了剖析[28]。1990年冯尚友对群决策也做了介绍，却没有对群决策的实际应用作进一步的研究[29]。1992年贺仲雄在模糊数学和灰色系统的基础上，提出了解决群决策的模糊灰色物元空间决策方法，简称FHW决策方法，开发了以此理论及方法为基础的计算机应用系统软件。其创新性在于：

①将现代数学中处理不确定问题的工具引入决策分析，扩展了决策分析方法处理问题的范围。②开发了具有应用价值的决策支持系统。不过，其在处理群决策问题时，只考虑了群定权重，对群决策中个体偏好未作深入研究[6]。1998年顾培亮从系统学的观点对群决策问题进行了探讨，提出了系统评价作业的概念、理论和方法。根据系统协调的原理，他提出了协商对策的理论和方法，并将其开发成为系统分析的支持系统软件。其对于群决策分析理论的完善非常有益，因为把决策分析的对象看成是系统与客观事物的本质相符合[30]。1998年陈守煜依据我国语言与思维习惯的"互补性"判断准则，提出了非结构性决策模糊集分析单元系统理论，该理论可用于难以直接量化的工程技术领域，以及复杂的社会经济、环境生态与组织管理等领域的决策问题[31]。陈守煜在模糊决策分析理论方面进行了开创性的工作，而这些工作在生产实际中得到了很好的应用，但在其著述中鲜见对群决策的研究。2000年张尧庭对效用与决策，风险与决策，信息、博弈与决策等概念及关系进行了解释，并对与群决策紧密相关的博弈论，特别是近些年的新进展进行了详尽的讲解，提出了信息决策的新概念[32]，相信这些新理论、新方法在实践中有广泛的应用前景。2002邱菀华对群决策进行了开创性的研究工作，提出了群决策的特征根法，更为主要的是，她将熵的概念引入到群决策分析中，提出了群决策的熵集结理论[8]，这可能是国内近年来群决策理论研究中最具价值的工作之一。李荣钧对模糊多准则决策理论在国内外的研究现状和发展趋势作出了系统性的总结和分析，介绍了经典群决策分析的理论和方法、模糊优先原理和模糊优先结构[7]，提出了模糊多准则群决策方法，不足之处在于这些先进的理论在国内没有几个非常成功的案例。郭亚军把群定权重作为群决策的内容，研究了群体协商评价权重的问题，给出了协商评价的基本概念与方法[33]。文献中没有发现就个体对方案的偏好序进行集结方面的研究，其理论

在实践中成功应用的案例也不多。

从上看出,国内对群决策方面的研究至今经历了 20 多年的时间,20 世纪 80 年代主要是介绍国外的研究成果,最初引入的只是一些概念性的东西,文献[4]的出版标志着定量化的、有完善理论基础的群决策理论真正引入了中国,经过不懈的努力,到了 90 年代,尤其是近几年,我国学者在该领域取得了一些突破性的研究成果。显然不论是对理论方法的研究,还是在应用领域,我们都还有很多工作要做。比如,在水资源管理中存在大量需要进行群决策的问题,而国外在此方面的研究成果却不多。前面已评述了国外的情况,国内的情况如何呢?

1986 年姜圣阶对我国淡水资源水系保护的决策进行了研究,根据对一般的水系环境的分析得到了通用的水质平衡方程,通过对方程中系统各参数的测量、计算和预测,可以得出各种不同的解决水系环境的保护方案,经过比较就能对水系环境的保护作出最优决策[27]。尽管研究成果中看不出群决策的影子,也看不出决策分析的明晰步骤,但决策分析的概念第一次用于水资源管理理论的研究中,其意义是不言而喻的。1990 年王朝阳利用模糊评判方法对不同抽水蓄能电站进行了排序,证实了模糊综合评价的可行性,这是国内早期运用模糊方法研究水问题的范例之一,因其研究成果被著名水文水资源专家引用,因此具有一定的影响。1991 年冯尚友对大型水利枢纽水位参数优选和评价问题进行了研究[34],从其研究成果看,专家组对各水位方案综合论证主要结论的得出没有采用定量化的群决策方法,不过在向专家组推选方案前,采用了多准则评价方法对备选方案进行了排序。这是国内水文水资源专家首次自觉地采用多属性决策分析方法进行水资源管理方面的实践,它对于后来水资源领域学者对多属性决策分析方法在水资源管理方面的应用研究起到了示范的作用。1992 年邓琦将 FHW 决策方法应用于引黄灌溉工程的局势决策,作出了成功的决策。

一方面,由于灰色系统原理在国内外的影响有限,另一方面,由于研究的问题是对1～12月各月采用“不灌”、“井灌”、“渠灌”三种灌溉方式中的哪一种作出决策,这种决策问题过于单一,用FHW决策方法难免有小题大做之嫌。事实上,这种理论及方法在学者及管理者中的影响不是很大。1998年顾培亮采用单人模糊综合评价方法对城市水资源系统规划方案进行了评选,这是国内第一次采用多准则研究城市水资源规划问题[30],另外备选方案的产生采用了目标规划,这一点对于后来的学者具有一定的启发作用,不过评价的指标只有6个,评价方法上未见有创新之处。陈守煜(1998)用两级模糊模式识别模型对抽水蓄能电站进行了优选,模式识别在这里属多准则评价的范畴。他也对多目标模糊优选动态规划理论与方法在水资源优化分配中的应用进行了研究,他所谓的多目标与本书的多准则或多属性意思相同。陈守煜的贡献在于针对模糊集的根基——模糊隶属度提出了自己的定义,使人们对模糊集的客观性有了更深的理解,加上他在水文水资源界的高声望,使得模糊多准则决策分析方法在水资源管理问题中得到了前所未有的广泛应用。1999年中国水利经济研究会认为,所有水利建设项目都要进行社会影响的综合评价,建议的综合评价方法是单人模糊综合评价方法[35]。水利建设项目的影响是多方面的,对其经济、社会和环境等方面进行综合评价可能更合理。2000年王慧敏对流域可持续发展涉及的理论和方法进行了研究,将现代系统学的理论与方法引入到大范围水资源规划管理决策分析中,研究价值很高[36]。她对流域可持续发展进行了评价,使用的方法有模糊综合评价方法和人工神经网络方法,仍属单人决策的范畴,对指标权重的研究未见有大的突破。2002年陈家琦、王浩等提出的多层多目标群决策方法,是水资源管理中群决策方法应用至今最为成功的范例,也是被公认为近50年来我国水资源领域的重要研究成果之一[5,37,38]。这些研究从成果看仍有一些缺点,如群决策方法的理论基础研究不够;上、下层权重分配缺乏理论依据;备选方案的产生使用的多目标规划模型,求解方法是 Tchebycheff 距离法,目前看来,这种方法并不是最值得信赖的方法。

总之,国内群决策理论方法研究成果不多,成功地应用于区域水资源管理决策分析的范例更少。与水问题关联的决策分析,目前的研究主要集中于对单一对象的分析,比如对水利工程规划方案、灌区规划的优选、水利工程的选址、水电站优化调度等。使用的数学方法多是单人多属性决策方法,在应用时存在不少将连续的多目标规划问题与离散的多属性决策问题混淆的现象。

10.2 经典群决策法及其在水资源管理决策分析中的应用

群决策涉及群体对问题的识别、群体对指标的选择、群定权重和群定方案,本书主要对群定方案展开研究。

经典群定方案问题用数学语言可描述为[7]:

设有一群决策者 $D = \{D_1, D_2, \cdots, D_m\}$,一组方案 $A = \{A_1, A_2, \cdots, A_n\}$,每一位决策者将依据自己选定的一组属性 $C = \{C_1, C_2, \cdots, C_p\}$,对每一个方案进行考察,并用 $W = \{W_1, W_2, \cdots, W_p\}$ 表示各属性的重要程度,其中 $\sum_{k=1}^{p} W_k = 1$,不同决策者采用的方案属性及其权值可以相同也可以不同。其决策模式可以写为

$$D_k = [x_{ij}]^w = \begin{bmatrix} W_1 & W_2 & \cdots & W_p \\ x_{11} & x_{12} & \cdots & x_{1p} \\ x_{21} & x_{22} & \cdots & x_{2p} \\ \vdots & \vdots & & \vdots \\ x_{m1} & x_{m2} & \cdots & x_{mp} \end{bmatrix} \tag{10-2}$$

一般来说,决策者对方案及其属性所采用的评价方式分序数型和基数型两种:前者只给出每一属性上各方案的排列顺序;后者将具体给出各方案每一属性表现的量度结果。另外,求解决策模型时数据处理顺序也有两种:一种是先将不同决策者就方案属性给出的评价值在统一的标准下统一到一起,即先将一个多属性的群决策问题转化为单人多属性决策问题,然后选用已知的决策方法进行求解,它要求所有的决策者应采用相同的决策属性和属性权值以利于综合;另一种是每一个决策者先按照自己的意愿分别对给定的多属性决策问题进行求解,然后采用下面介绍的群决策方法,对不同决策者的选择结果进行综合,其特点是对不同决策者选用的决策属性和属性权值不强求一致。

10.3　经典群决策问题求解方法及应用

【例 10-1】　李令跃、王浩依据京津唐模型计算出了 6 套水资源方案在三个区域三个指标 GDP、BOD、FOOD 值的预期。依据前文提出的点赋值协商权重概念,经计算得到$(W_1, W_2, W_3)=(0.2,0.3,0.5)$。

如何根据已知的权重和表 10-1 给出的信息,作出三地区都能接受的方案排序呢?我们需要做如下的工作。

按 GDP、FOOD 的值越大越好、BOD 值越小越好的原则,可得到北京、天津、河北对 6 套水资源规划方案在各个属性值的满意排列顺序,1 表示最满意,2 表示次满意,依次类推,6 表示满意度最低的方案。另记北京、天津、河北分别为决策者 D1、D2、D3,指标 GDP、BOD、FOOD 分别记为 C1、C2、C3。将指标的排序值列于表 10-2。

表 10-1 北京、天津、河北三地在不同方案下的 GDP、BOD、FOOD 指标值

方案	北京			天津			河北		
	GDP	BOD	FOOD	GDP	BOD	FOOD	GDP	BOD	FOOD
	W_1	W_2	W_3	W_1	W_2	W_3	W_1	W_2	W_3
	元/人	g/(人·d)	kg/人	元/人	g/(人·d)	kg/人	元/人	g/(人·d)	kg/人
A1	16 740	78.52	240	14 225	104.4	295	9 000.00	102.97	382.67
A2	14 389	60.33	320	12 809	97.1	358	8 769.00	95.60	396.33
A3	12 409	45.67	289	11 626	77.03	337	8 021.67	90.45	388.33
A4	15 648	66.92	311	13 364	93.18	340	7 797.33	82.42	367.67
A5	13 406	54.87	274	12 980	84.3	365	8 728.33	84.07	381.33
A6	15 408	57.95	266	14 096	90.45	350	8 437.33	95.27	401.00

注:本表数值根据文献[5]整理而成。

表 10-2 以决策者为主对单个指标进行的排序

方案	D1			D2			D3		
	C1	C2	C3	C1	C2	C3	C1	C2	C3
A1	1	6	6	1	6	6	1	6	4
A2	4	4	1	5	5	2	2	5	2
A3	6	1	3	6	1	5	5	3	3
A4	2	5	2	3	4	4	6	1	6
A5	5	2	4	4	2	1	3	2	5
A6	3	3	5	2	3	3	4	4	1

下面给出两种方案群决策方法：

(1)先综合意见,后统一求解。将表 10-2 中各元素稍微作一下改变,列于表 10-3。表 10-3 与表 10-2 不同之处在于,表 10-2 是

以决策者为主表示的不同方案下决策者对各指标的排序。表 10-3表示以指标为主在各方案下不同决策者对指标的排序。

表 10-3　以指标为主表示的排序

方案	C1			C2			C3		
	D1	D2	D3	D1	D2	D3	D1	D2	D3
A1	1	1	1	6	6	6	6	6	4
A2	4	5	2	4	5	5	1	2	2
A3	6	6	5	1	1	3	3	5	3
A4	2	3	6	5	4	1	2	4	6
A5	5	4	3	2	2	2	4	1	5
A6	3	2	4	3	3	4	5	3	1

采用 Borda 记分法，排名 1～6 者分别得 5～0 分，结果见表 10-4。

表 10-4　各方案在不同属性下的总得分

方案	C1				C2				C3			
	D1	D2	D3	总分	D1	D2	D3	总分	D1	D2	D3	总分
A1	5	5	5	15	0	0	0	0	0	0	2	2
A2	2	1	4	7	2	1	1	4	5	4	4	13
A3	0	0	1	1	5	5	3	13	3	1	3	7
A4	4	3	0	7	1	2	5	8	4	2	0	6
A5	1	2	3	6	4	4	4	12	2	5	1	8
A6	3	4	2	9	3	3	2	8	1	3	5	9

按总分值从大到小排序，指标 C1 下，A1＞A6＞A2＝A4＞A5＞

A3，指标 C2 下，A3＞A5＞A6＝A4＞A2＞A1，指标 C3 下，A2＞A6＞A5＞A3＞A4＞A1，取值分别为 6～1，如果出现等值，取对应序数的平均值，列于表 10-5。

表 10-5　总决策者(各个体决策者的综合，现实中并不存在)的决策矩阵

方案	D		
	C1	C2	C3
A1	6	1	1
A2	3.5	2	6
A3	1	6	3
A4	3.5	3.5	2
A5	2	5	4
A6	5	3.5	5

下面计算加权一致性矩阵 G

$$G=[g_{ij}],g_{ij}=\sum_{k=1}^{p}\pi_{ijk}W_k,i,j=1,2,\cdots,6,p=3 \tag{10-3}$$

其中当方案 A_i 排在第 j 位时，$\pi_{ij}=1$；否则，$\pi_{ij}=0$。

计算结果见表 10-6。

表 10-6　一致性矩阵

方案	位次					
	第 1 位	第 2 位	第 3 位	第 4 位	第 5 位	第 6 位
A1	W_1	0	0	0	0	W_2+W_3
A2	W_3	0	$0.5W_1$	$0.5W_1$	W_2	0
A3	W_2	0	0	W_3	0	W_1
A4	0	0	$0.5W_1+0.5W_2$	$0.5W_1+0.5W_2$	W_3	0
A5	0	W_2	W_3	0	W_1	0
A6	0	W_1+W_3	$0.5W_2$	$0.5W_2$	0	0

从表 10-6 可以看出，矩阵每一行、每一列的和均等于 1。将 W_1、W_2、W_3 代入表 10-6，得表 10-7。

表 10-7　一致性矩阵值

方案	位次					
	第 1 位	第 2 位	第 3 位	第 4 位	第 5 位	第 6 位
A1	0.2	0	0	0	0	0.8
A2	0.5	0	0.1	0.1	0.3	0
A3	0.3	0	0	0.5	0	0.2
A4	0	0	0.25	0.25	0.5	0
A5	0	0.3	0.5	0	0.2	0
A6	0	0.7	0.15	0.15	0	0

从表 10-7 的结果可知，在此种方法下，群决策对方案的排序结果为：

$$A2 > A6 > A5 > A3 > A4 > A1$$

该结果是合理的，一方面与文献[5]结论基本一致，另一方面，表 10-4 的计算结果中按 C3 进行的排序与最终结果一致，而 C3 的权重为 0.5，是最大的权重。

(2)先分别求解，后综合决策。依据表 10-2 提供的信息，可分别求出各个决策者对方案的排序结果，为此首先列出 D1 的一致性矩阵（表 10-8），D2 的一致性矩阵（表 10-9），D3 的一致性矩阵（表 10-10）。

在先分别求解、后综合决策的情况下，各决策此时可以就方案对应的属性取不同的偏好，假设三个决策者计算得到的主客观权重分别为：北京，$(W_1, W_2, W_3) = (0.3, 0.5, 0.2)$；天津，$(W_1, W_2, W_3) = (0.4, 0.4, 0.2,)$；河北$(W_1, W_2, W_3) = (0.4, 0.2, 0.4)$。将这些值代入表 10-8～表 10-10 可得对应的值矩阵表见

表10-11～表10-13。

表10-8 D1的一致性矩阵

方案	位次					
	第1位	第2位	第3位	第4位	第5位	第6位
A1	W_1	0	0	0	0	W_2+W_3
A2	W_3	0	0	W_1+W_2	0	0
A3	W_2	0	W_3	0	0	W_1
A4	0	W_1+W_3	0	0	W_2	0
A5	0	W_2	0	W_3	W_1	0
A6	0	0	W_1+W_2	0	W_3	0

表10-9 D2的一致性矩阵

方案	位次					
	第1位	第2位	第3位	第4位	第5位	第6位
A1	W_1	0	0	0	0	W_2+W_3
A2	0	W_3	0	0	W_1+W_2	0
A3	W_2	0	0	0	W_3	W_1
A4	0	0	W_1	W_2+W_3	0	0
A5	W_3	W_2	0	W_1	0	0
A_6	0	W_1	W_2+W_3	0	0	0

表10-10 D3的一致性矩阵

方案	位次					
	第1位	第2位	第3位	第4位	第5位	第6位
A1	W_1	0	0	W_3	0	W_2
A2	0	W_1+W_3	0	0	W_2	0
A3	0	0	W_2+W_3	0	W_1	0
A4	W_2	0	0	0	0	W_1+W_3
A5	0	W_2	W_1	0	W_3	0
A6	W_3	0	0	W_1+W_2	0	0

表 10-11　D1 的一致性值矩阵

方案	位次					
	第 1 位	第 2 位	第 3 位	第 4 位	第 5 位	第 6 位
A1	0.3	0	0	0	0	0.7
A2	0.2	0	0	0.8	0	0
A3	0.5	0	0.2	0	0	0.3
A4	0	0.5	0	0	0.5	0
A5	0	0.5	0	0.2	0.3	0
A6	0	0	0.8	0	0.2	0

表 10-12　D2 的一致性值矩阵

方案	位次					
	第 1 位	第 2 位	第 3 位	第 4 位	第 5 位	第 6 位
A1	0.4	0	0	0	0	0.6
A2	0	0.2	0	0	0.8	0
A3	0.4	0	0	0	0.2	0.4
A4	0	0	0.4	0.6	0	0
A5	0.2	0.4	0	0.4	0	0
A6	0	0.4	0.6	0	0	0

表 10-13　D3 的一致性值矩阵

方案	位次					
	第 1 位	第 2 位	第 3 位	第 4 位	第 5 位	第 6 位
A1	0.4	0	0	0.4	0	0.2
A2	0	0.8	0	0	0.2	0
A3	0	0	0.6	0	0.4	0
A4	0.2	0	0	0	0	0.8
A5	0	0.2	0.4	0	0.4	0
A6	0.4	0	0	0.6	0	0

从表 10-11～表 10-13，D1 排序为：A3＞A5＞A6＞A2＞A4＞A1，D2 排序为：A3＞A5＞A6＞A4＞A2＞A1，D3 排序为：A1＞A2＞A3＞A6＞A5＞A4。

采用 Borda 记分法，给上面的排序进行打分，列于表 10-14。

表 10-14 总决策表

方案	决策者				
	D1	D2	D3	总分	总序号
A1	0	0	5	5	5
A2	2	1	4	7	4
A3	5	5	3	13	1
A4	1	2	0	3	6
A5	4	4	1	9	2
A6	3	3	2	8	3

从表 10-14 的计算结果知道，先分别计算，后综合决策的结果为：

A3＞A5＞A6＞A2＞A1＞A4

两种方法的结果不同，其原因不是因为方法的不同，起主要作用的是第 2 种方法中各决策人采用了不同的权重，反映在结果中自然会与第 1 种方法得到的结论不同。

由于第 2 种方法采用了指标的不同权重，更符合事物的客观规律，因此本书认为第 2 种方法在实践中的应用更有价值。

10.4 群决策理想决策者法及其在水资源管理决策分析中的应用

类似于 10.2 节，这里的群决策方法也主要用于方案的选择。

关于群定方案问题的描述也是类似的。群决策特征根法[8]所能求解的群决策问题如下：

设有一群决策者 $D=\{D_1,D_2,\cdots,D_m\}$，一组方案 $A=\{A_1,A_2,\cdots,A_n\}$，每一位决策者将依据自己选定的一组属性 $C=\{C_1,C_2,\cdots,C_p\}$（这里只研究决策者所选属性相同的情况），第 i 个决策者对第 j 个方案的评分值为 x_{ij}，$i=1,2,\cdots,m$；$j=1,2,\cdots,n$。x_{ij} 的值越大，方案 A_j 越优。将 D 对 A 的评价列为矩阵 X，则

$$X=(X_1,X_2,\cdots,X_m)^{\mathrm{T}}=\begin{bmatrix} x_{11} & x_{12} & \cdots & x_{1n} \\ x_{21} & x_{22} & \cdots & x_{2n} \\ \vdots & \vdots & & \vdots \\ x_{m1} & x_{m2} & \cdots & x_{mn} \end{bmatrix} \tag{10-4}$$

矩阵中的每一行对应一个决策者的评价值向量，每一列对应一个方案得分向量。

由于决策者或者处于不同的地位，或者利益不同，或者决策的水平不同，给各方案打分时难免出现差异，反映在矩阵(10-4)上，很难出现行向量都相同的情况。到底哪位决策者的打分最公平？决策方案怎么排序？这个问题如果去问决策者，正常情况下，决策者都会说自己的打分最公平。如果站在公正的立场，依科学的态度回答这个问题，恐怕给出符合逻辑的定量化的方法是必要的。

假设有一个虚拟的决策者（之所以说“虚拟”，是由于现实中这个决策者未必真的存在），我们称之为“理想决策者”，他的打分是最公正的，按照他的打分对方案的排序能够使全体决策者都能接受。怎样才能找到理想决策者呢？换句话说，怎样找到最公平的评分向量呢？邱菀华给出了这样的想法：如果 $b=(b_1,b_2,\cdots,b_n)$ 与 $X_1,X_2,\cdots,X_m$ 在 E^n 中的夹角之和为最小的话，则 b 就能满足上面的要求，b 即为理想专家的评分向量[8]。由此，我们可以给出理想决策者的定义。

定义 10.1 具有评分向量与群体中各决策者评分向量夹角之和最小的决策者，称为该群体的理想决策者。

邱菀华据此给出了求解 $b=(b_1,b_2,\cdots,b_n)$ 的途径，就是求解带约束的优化问题

$$\max f = \sum_{i=1}^{m} bX_i^{\mathrm{T}} \tag{10-5}$$

$$\text{s.t.}\ \|b\|_2 = 1$$

其中 b、X_i 的意义同前。

关于式(10-5)的解，我们有**定理 10.1**：

定理 10.1 $\forall b \in E^n$ 有

$$\max_{\|b\|_2} \sum_{i=1}^{m} (bX_i^{\mathrm{T}})^2 = \sum_{i=1}^{m} (X_* X_i^{\mathrm{T}})^2 = \rho_{\max} \tag{10-6}$$

式中：$\rho_{\max}$为矩阵 $F=X^{\mathrm{T}}X$ 的最大特征根；X_* 为 $\rho_{\max}$对应于 F 的正特征向量且 $\|X_*\|_2=1$。

求解特征根与特征向量的办法很多，邱菀华给出了数值分析中的幂法。作者建议使用计算软件，比如 Excel、Matlab 等。下面给出应用实例。

【例 10-2】 由例 10-1 的中间计算结果，可得到 3 个决策者关于 6 个方案的评分矩阵

$$X = (X_1, X_2, X_3)^{\mathrm{T}} = \begin{bmatrix} 0 & 2 & 5 & 1 & 4 & 3 \\ 0 & 1 & 5 & 2 & 4 & 3 \\ 5 & 4 & 3 & 0 & 1 & 2 \end{bmatrix} \tag{10-7}$$

根据定理 10.1，$F=X^{\mathrm{T}}X$，使用 Matlab 的 eig(F)函数可以求出 $\rho_{\max}$和 X_*：

$$\rho_{\max} = 133.5,\ X_* = (0.21, 0.33, 0.66, 0.15, 0.47, 0.40)$$

从而按照群决策特征根法对方案的排序结果为

$$A3 > A5 > A6 > A4 > A2 > A1$$

这个结果与实例 10-1 的结果前三位一样，不同的是在理想决

策者法中,A4 由第 6 位到了第 4 位,在基础数据相同的情况下,所得结论不尽相同,其中必然有一种方法存在着问题。经作者研究发现,邱菀华提出的利用优化问题式(10-5)求解理想决策者的优化模型存在问题。这是因为,如果写出 $b=(b_1,b_2,\cdots,b_n)$与 X_1, $X_2,\cdots,X_m$ 在 E^n 中夹角之和表达式的话,应为

$$\theta = \sum_{i=1}^{m}\theta_i = \sum_{i=1}^{m}\arccos\left(\frac{b\cdot X_i^{\mathrm{T}}}{\|b\|_2\cdot\|X_i\|_2}\right) \tag{10-8}$$

因此寻找理想决策者的评分向量 $b=(b_1,b_2,\cdots,b_n)$,对应的优化问题应是

$$\left.\begin{aligned}&\min\ \theta = \sum_{i=1}^{m}\theta_i = \sum_{i=1}^{m}\arccos\left(\frac{b\cdot X_i^{\mathrm{T}}}{\|X_i\|_2}\right)\\&\text{s.t.}\ \|b\|_2 = 1\end{aligned}\right\} \tag{10-9}$$

考虑到在 $y=\arccos(x)\in[0,\pi]$在$[-1,1]$上为单调降函数,优化问题式(10-6)是问题式(10-9)的简化版,不过在简化过程中舍弃了分母,与此同时对各分子项进行平方,很难证明模型式(10-6)与模型式(10-9)同解。本次研究也证实了这一判断,对文献[8]例 8-1 和例 8-2 的计算发现,在精度许可的范围内,例 8-1 两个模型结论一致,例 8-2 的结论却不一样,邱菀华的理想评分向量为 $b_1=(0.435\ 3,0.605\ 3,0.099\ 8,0.595\ 5,0.251\ 6)$,与其他评分向量之夹角和 5.69。按我们的模型式(10-9),使用混沌优化(第 4 章)计算结果为,评分向量 $b_2=(0.271\ 4,\ 0.186\ 0,\ 0.357\ 1,\ 0.831\ 0,\ 0.271\ 3)$,与其他向量的夹角 $\theta=5.27$。显然,分别按 b_1、b_2 进行的排序不同,从模型式(10-9)中求解得到的评价向量更为理想,对应的排序结果更公正合理。

10.5 结果分析

国内水资源领域群决策方面的研究成果极少,只有李令跃、王

浩等在“八五”攻关课题“华北地区宏观经济水资源规划理论和方法”中,就大范围区域的水资源规划的群决策问题进行了研究,但研究的深度有限。尽管考虑了决策的层次问题,但在群决策的关键问题上采用了过于简化的手段,使用的方法缺乏理论基础。本书给出的两种群决策方法都有坚实的数学理论基础,特别是经典群决策方法已经在政治、经济等领域得到了成功的应用,相信该法在水资源管理群决策中的应用前景也会不错。群决策的理想决策者法,与特征根法相比,不仅从理论上显得更加完美,更是使用了现代非线性优化技术——混沌优化法,使得求解问题的全局最优解更容易。

当然,两种方法也还存在着不足之处,比如说,经典群决策法中的第一种方法,各决策者对方案优劣的判别必须采用相同的属性,属性的权重值也都是相同的,在许多水资源群决策问题中,事实情况并非如此。虽然在经典群决策法中的第二种方法对此有所改进,不过总体上讲,本书介绍的经典群决策法只处理方案评分的序数信息,对原始的基数信息利用得不够。群决策的理想决策者方法实质上与距离判别法没什么两样,这种方法要求必须对原始数据进行预处理,比如处理后的数据都为正向数据或都为负向数据,而经典群决策无此要求,因此既增加了计算工作量,又增加了在应用中的难度。另外,本书对决策问题中的层次性、多阶段性也未讨论,有待进一步研究。

10.6 小 结

本章在对以往群决策概念讨论的基础上,给出了群决策的新定义;评述了国内外群决策的研究现状及存在的问题;介绍了经典群决策方法的理论和方法,群决策的特征根法理论和求解步骤,具有高层、低层之分的多层群决策理论及方法;提出了基于群决策新定义的、结合现代非线性优化方法的、求解群决策问题的新思路。将此思路应用于华北地区水资源规划方案优选中,计算结果表明,本书提出的求解群决策理论和方法可行,适合于大范围区域水资源规划管理方案的优选。

参考文献

[1] Hwang C L, Yoon K. Multiple Attribute Decision Making: Methods and Applications[M]. A State - of - the Art Survey, Birlin Springer - Verlag, 1981.

[2] Luce R D, Howard Raiffa. Games and Decision[M]. New York John Wile & Sons Inc, 1957.

[3] Arrow K J. Social Selection Baded on Multidimensional Criteria[J]. Abnormaland Social Psychology, 1957, 106(4): 620~630.

[4] 陈珽.决策分析[M].北京:科学出版社,1987.

[5] 李令跃,王浩,叶永毅.水资源大系统优化规划与优化调度经验汇编[M].北京:中国科学技术出版社,1995.

[6] 贺仲雄,等.模糊数学及其派生决策方法[M].北京:中国铁道出版社,1992.

[7] 李荣钧.模糊多准则决策理论与应用[M].北京:科学出版社,2002.

[8] 邱菀华.管理决策与应用熵学[M].北京:机械工业出版社,2002.

[9] Hämäläinen R P. Multiple Criteria Decision Analysis in Water Resources Planning. Web pages of Lake Päijänne and Lake Kallavesi - Unnukka projects[EB/OL]. http://www.paijanne.hut.fi and http://www.kallavesi.hut.fi.

[10] Participation, Voting, Surveys and Group Decisions. Computer Software, SystemsAnalysis Laboratory, Helsinki University of Technology[EB/OL]. http://www.opinions.hut.fi.

[11] Phillips L D, Phillips M C. Facilitated work groups: theory and practice[J]. Journal of Operational Research Society, 1993, 44(6): 533~549.

[12] Hämäläinen R P. Evaluating aframework for multi - stakeholder decision

support in water resources management[J].Group Decision and Negotiation,2001,10(4): 331~353.

[13] Zhu X, Dale A P.JavaAHP: a web－based decision analysis tool for naturalresource and environmental management[J]. Environmental Modelling & Software,2001,16(3):251~262.

[14] Stewart T J, Scott L,Iloni K. Multicriteria decision analysis and scenario based policy planning for water management in South Africa[R]. Report to the Water Research Commission, 1993.

[15] Stewart T J,Scott L. A scenario－based framework for multicriteria decision analysis in water resources planning[J]. Water Resources Research, 1995,31(11):2835~2843.

[16] Giambelluca T, Ridgley M,Nullet M. Water balance, climate change and land－use planning in the pearl harbor basin, Hawaii[J]. Water Resources Development, 1996,12(4):515~530.

[17] Makowski M, Somlyódy L,Watkins D. Multiple Criteria Analysis for Water Quality Management in the Nitra Basin[J]. Water Resources Bulletin, 1996,32(5):937~951.

[18] Pillai C R S,Raju K S. Ranking irrigation management alternatives by multicriterion analysis[J]. Water Resources Development, 1996,12(3):329~345.

[19] Bernard Roy, Roman Slowinski,Wiktor Treichel. Multicriteria Programming of Water Supply Systems for Rural Areas[J]. Water Resources Bulletin,1992,28(1):13~31.

[20] Nabil G, Shafike, Lucien Duckstein,Thomas Ⅲ Maddock. Multicriterion Analysis of Groundwater Contamination Management[J]. Water Resources Bulletin,1992,28(1):33~42.

[21] Marek Makowski, Lúszló Somlyódy, Davis Watkins. Multiple Criteria Analysis for Water Quality Management in the Nitra[J]. Basin Journal of the American Water Resources,1996,32(5):937~951.

[22] Yong W Lee, Mohamed F Dahab, Istvan Bogardi. Fuzzy Decision Making in Ground Water[J]. Nitrate Risk Management,1994,30(1):135~148.

[23] Ambrose Goicoechea, Eugene Z Stakhiv, Fu Li. Experimental Evaluation of Multiple Criteria[J]. Decision Models for Application to Water Resources Planning,1992,28(1):89～100.

[24] Siamak Rajabi, Keith W Hipel, D Marc Kilgour. Multiple Criteria Screening of a Large Water Policy Subset Selection Problem[J]. Journal of the American Water Resources,2001,37(3):533～546.

[25] 黄孟藩.决策的科学方法[M].北京:海洋出版社,1983.

[26] 艾杰 M H,泰勒 R E,特迦逊 P E.管理决策的定量分析[M].牛林山,等译.北京:机械工业出版社,1983.

[27] 姜圣阶,等.决策学基础[M].北京:中国社会科学出版社,1986.

[28] 邹晓健.寻求最佳决策[M].北京:轻工业出版社,1988.

[29] 冯尚友.多目标决策理论、方法与应用[M].武汉:华中理工大学出版社,1990.

[30] 顾培亮.系统分析与协调[M].天津:天津大学出版社,1998.

[31] 陈守煜.工程模糊集理论与应用[M].北京:国防工业出版社,1998.

[32] 张尧庭.信息与决策[M].北京:科学出版社,2000.

[33] 郭亚军.综合评价理论与方法[M].北京:科学出版社,2002.

[34] 冯尚友.水资源系统工程[M].武汉:湖北科技出版社,1991.

[35] 中国水利经济研究会,水利部规划计划司.水利建设项目社会评价指南[M].北京:中国水利水电出版社,1999.

[36] 王慧敏.流域可持续发展系统理论与方法[M].南京:河海大学出版社,2000.

[37] 陈家琦,王浩,杨小柳.水资源学[M].北京:科学出版社,2002.

[38] 许新宜,王浩,甘泓.华北地区宏观经济水资源规划理论与方法[M].郑州:黄河水利出版社,1997.

第 11 章 考虑风险情况下的水资源规划方案优选

11.1 基于风险分析的决策基本概念

风险的基本含义是损失的不确定性。现实生活中,不论个人或组织、国家无时无处不存在“风险”问题。平时我们说话也常把“风险”一词挂在嘴边,那么,什么是风险?迄今为止仍莫衷一是,不同的学者从不同的专业背景、不同的角度给风险以不同的解释。常见的有[1]:①风险就是损失机会,即风险是一种面临损失的可能性状况,也表明风险是在一定状况下的概率。这种定义下,风险度和概率总相等,当损失概率为 1 时,可以推出此时没有风险,而实际上风险总应该是有的,很多结果是不确定的。②风险就是损失的不确定性。这种不确定性又可分为客观不确定性和主观不确定性。客观不确定性是实际结果与预期结果的离差,它可以使用统计学工具加以度量。主观不确定性是个人对客观风险的评估,它同个人的知识、经验、精神和心理状态有关,不同的人面临相同的客观风险时会有不同的主观不确定性。③风险是实际结果与预期结果的离差度。可以使用统计学中的标准差来度量这种风险。④风险是一个事件的实际结果偏离预期结果的概率。这个定义实际上是实际与预期结果的离差的变换形式。⑤保险业内人士常把风险这个术语用来指所承保的损失原因,如火灾是大多数财产所面临的风险,或者指作为保险标的的人或财产,如把年轻的驾驶人员看做不好的风险等。⑥风险为未来结果的变化性。变化性来自于对预期的偏差,这种偏差常常与某种损失相对应[2]。⑦风险就是发生不幸事件的概率。或者说,风险就是产生我们不希望的后果的可能性。风险分析要包括不幸事件发生的可能性和它所产生的后果大小两个方面[3]。⑧风险就是不希望事件的发生概率及发生后果的严重性[4]。

上述观点中,不管是哪一种风险定义,都不会少了损失和不确定性两个概念,这里不确定性包括损失事件的发生概率分布已知和未知两种情况。有的定义强调不确定性,有的强调损失,有的同时强调两个概念。出于本书的研究目的,我们赞同把损失和可能性看做构成风险定义的两大并行要素的观点。下面给出本书对风险的认识:如果人类的某项活动可能面临损失,而且这种可能性是不确定的,此时称该项活动为风险活动;面临的损失称为风险损失;损失发生的可能性称为风险概率;风险就是把风险损失与风险概率作为自变量的效用函数,函数的具体形式需要进一步确定。该函数的性质应与图 11-1 的示意吻合。

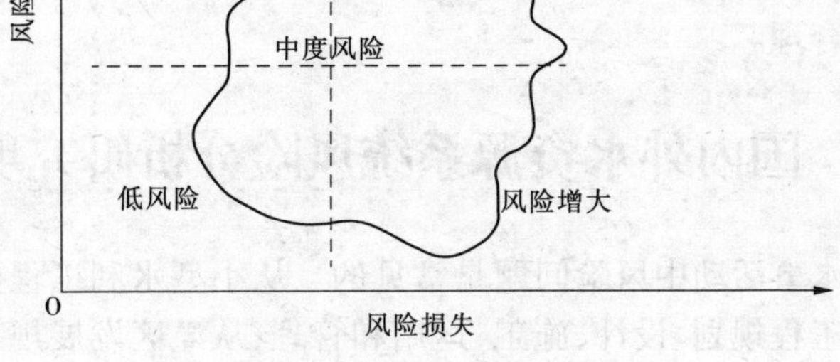

图 11-1　风险函数平面示意

这个效用函数应该是关于风险概率与风险损失的增函数(可能是"分片函数",定义域为有界的矩形区域。函数对风险概率的变化没有对风险损失的变化敏感。初步设想如下。

设风险为 r,风险损失为 l,风险概率为 p,则

$$r = f(x,l) = ap \cdot \mathrm{e}^{cl+d},\text{当 } 0.002 < p < 1 \quad (11\text{-}1)$$

$$r = f(x,l) = b \cdot \mathrm{e}^{cl+d},\ \text{当 } 0 < p < 0.002 \quad (11\text{-}2)$$

式中:a,b,c,d 为待定参数(比如可取 $a=1,b=0.002,c=1,d=0$);$0<p<1$;$0\leqslant l\leqslant L_{\max}$,$L_{\max}$为最大风险损失。

所谓风险分析,文献中的表达基本一致,即风险分析就是要对风险的辨识、估计和评价作出全面的、综合的分析。风险辨识的主要任务是弄清楚导致风险损失的因素——致灾因子,哪些是主要因子,哪些是次要因子,有可能的话,弄清楚各种风险因子的分布规律。风险的估计和评价的主要任务是要计算出风险活动的风险。

风险分析的目的是为了更好地决策,通过决策选择出一定准则下的最佳方案。一般的文献中所述的风险型决策和不确定型决策均没有明确给出风险的量度,其实暗含的风险定义是风险损失与风险概率的乘积,一项风险活动的风险是各种自然状态下风险的算术和[3]。这种定义与上文中对风险函数的要求不符合。本书提出在各种自然状态下风险的定义式(11-1)、式(11-2),相比较而言更趋合理。

11.2 国内外水资源系统风险分析研究现状

在水事活动中风险问题是常见的。从小型水利工程到中、大型水利工程规划、设计、施工、运用和管理;从灌区发展规划、城市水资源规划到更大范围的区域水资源规划的实施;从流域规划、各省(市、区)的水利规划到全国范围的水资源规划实施都存在风险

问题。正是由于这些原因,国内外对此进行了不少的研究。

国外将基于风险分析的决策技术与计算机技术相结合,开发了决策支持系统,进行了供水系统的可靠性分析、水事活动的污染风险分析、工程的可靠性分析[5~8]。

国内与水相关联的风险研究主要集中在四个方面:①工程可靠性风险分析;②灾害风险研究,包括洪水风险研究、干旱风险研究;③水事活动的环境风险分析;④供水系统风险分析。除此之外,还有少数文献对水资源承载能力中的风险问题进行了研究;有人对多目标规划与风险决策问题进行了研究,甚至有人考虑了南水北调后水价风险的转移问题。

1996 年朱元甡根据长江中游防洪决策实际问题,运用风险分析的理论和方法,研制成适用的、可操作的防洪决策风险分析模型,为长江中游防洪决策支持系统提供决策风险信息。该模型针对长江中游防洪决策过程,通过敏感性分析,筛选出了实施决策方案所需时间、决策时刻的水位、决策时刻所处的季节、决策时刻的水位涨差等四个主要风险因子。考虑了现有暴雨洪水资料、短期洪水位预报以及中长期雨洪预报三种不同信息条件,建立了风险分析模型,考虑了防汛专家根据经验所作出的降水概率预估对风险估算的影响,研制了相应的风险估算模型,使专家们的预测信息得以量化并直接参与风险分析[9]。1998 年赵永军为研究河道防洪堤坝事故的概率,把水文风险和水流风险区分开,根据风险理论给出一种考虑水流风险因子的风险分析方法,探讨河道防洪堤坝仅因水流参数出现偏差而失事的概率,为正确评价现行防洪堤坝的安全性提供了必要的依据[10]。1998 年张玉芳研制出了洪水灾害计算机模拟显示系统,该系统能显示洪泛区风险图[11]。1999 年陈小红针对珠江三角洲的洪水变化特点研究了洪水风险与保险问题。依据洪水风险分析而采取的洪水保险措施,可以使受灾地区一次性承受的洪灾损失在较大范围和较长时间内进行分摊,使投保户受灾后能及时得到经济补偿,有利于尽快重建家园,恢复生产,维护社会稳定[12]。2000 年万俊针对白盆珠水库汛期蓄水运用,进行了全面的风险分析,为合理地选择蓄水位方案提供了依据[13]。傅湘对洪灾风险评价通用模型系统——水文模型、水力模型及损失评估模型进行了探讨。其中水文模型主要以概率论与数理统计为基础,研究洪水的线型分布;水力模型主要以非恒定流理论为基础,分别建立了河道洪水及泛区洪水动态演进的一维非恒定流模型和拟二维非恒定流模型;损失评估模型主要对承灾体的易损性进行定量评估,包括生态环境损失、经济财产损失、人员伤亡损失和灾害救援损失四部分。综合此三个模型即可知道洪水风险区遭受不同强度自然灾害的发生概率及可能引起的后果。据此可划分洪水风险区的洪灾风险区划图,作为制定减灾规划、减灾决策、评价减灾效益的重要依据。该通用模型系统不但为洪灾风险评价提供了一个统一的标准,而且对洪灾的因果关系表述得十分清楚,是一个综合性强和操作简单的实用模型,使成灾风险和灾情评估得到了统一[14]。

2001 年陈守煜研究了堤防的设计洪水风险,提出了堤防洪水风险率分布列及其数字特征,认为堤防遭遇设计洪水年序数 X 的风险率分布列,洪水风险率分布列的数字特征:数学期望、均方差、变差系数、偏态系数、洪水风险率函数,比较完整地描述了堤防遭遇设计洪水风险的基本特征。了解这些特征,不仅有利于堤防的设计与运用,而且有助于增强水患意识,提高对堤防洪水风险的理性认识[15]。傅湘认为防洪减灾的风险决策是整个风险管理的核心,决策的科学性和合理性将直接影响管理活动的效果。由于风险的随机性和复杂性,传统的决策方法已越来越不适应现实的可持续发展的决策要求,傅湘根据风险管理目标,建立了防洪减灾中的多目标风险决策优化模型,该模型以防洪减灾的工程和非工程措施为研究对象,拟定若干风险处理方案,通过风险—费用—效益综合分析形成多目标问题的非劣解，作为风险决策的客观依据；同时，引入效用理论来判断决策者对待风险的态度，构成风险决策的主观依据，研究出了一套以防洪安全、经济发展、洪灾风险和决策者对风险的态度为基础的防洪减灾决策程序[16]。他又将极值统计学原理及方法引入洪灾风险评估中，以 Von Mises 收敛准则作为指南，提出了在初始随机变量概率密度函数的尾部情况不够明确时，判定某一随机变量的极值分布形式的方法。傅湘研究了极值统计与分区多目标风险方法中的极值风险函数的联系，并概括了极值风险变量为最大值渐近分布时极值风险函数的近似计算式[17]。朱元甡对传统的防洪理念进行了剖析，阐述了洪水、洪灾与洪灾风险的概念。他认为对防洪减灾体系综合风险的评估，在风险分析和风险管理的理论和方法上，前人的研究很少，基本上是空白，属于当前本学科尚未突破的几个难点和关键问题，问题远比建筑物风险评价复杂得多，存在很多需要探索研究的领域。我国的国情与发达国家有较大差别，不仅在自然条件上，还包括在人口、经济和社会各个方面都有显著的不同。套用西方国家的防洪理念和经验往往是行不通的，必须密切联系我国的具体实际，对防洪建设正反两方面的经验作系统深入的集总研究，研建适合我国条件的防洪风险分析和管理的方法，在理论上和实际应用上都需要有所突破，为建设具有中国特色的防洪减灾安全保障体系提供定量的科学依据。有待研究解决的课题如下：①防洪体系的综合（系统）风险分析理论与方法研究；②防洪体系的洪灾风险分析模型研究；③区域防洪减灾体系综合（系统）风险评估理论研究；④对于风险分析的防洪减灾风险决策支持系统研究[18]。

黄振平提出了防洪决策两类风险的概念，讨论了根据洪水预报作出防洪决策的风险评估方法[19]。2002 年程晓陶、吴湘婷研究了洪水资源化问题，并就其中存在的风险问题进行了探讨[20,21]。黄振平根据长江中游防洪决策实际问题，运用风险分析的理论和方法，提出了一种适用的、操作性强的防洪决策风险分析模型。该模型考虑了防洪专家根据经验所作的对未来降雨的预估，使专家们的预测信息得以量化并直接参与风险分析，开辟了一条开发利用防洪专家经验资源的新途径[22]。朱元甡以上海防洪(潮)安全的风险分析为实例，针对各种致灾的风险因子，分析它们在不同条件下遭遇组合的可能性，及其引发的灾害后果，阐述了通过风险分析和管理途径提升上海防洪(潮)体系承担风险能力[23]的理论。

1994年谢平研究气候变化对水文水资源及水力发电的影响，以珠江流域枫树坝水库为例，根据不同气候背景值，分析了年发电量与风险率的关系以及年供水期的平均出力与保证率的关系[24]。1995年冯平针对岗南水库多斗运行中库水位常达不到正常蓄水位这一问题，在岗南水库和黄壁庄水库联合调度下，采用风险效益的分析法，对岗南水库提高汛限水位的可能性进行了研究，切合实际地给出了合理的汛限水位，提高了水库的兴利效益[25]。这项研究在水资源紧缺的华北地区非常有意义。1995年王瑞骏研究了小水电站年发电量规律，指出了对其年发电量进行风险分析的必要性，同时首次提出了小水电站年发电量预测规则及风险分析的概念和方法，并结合实例进行了研究[26]。1997年邢大韦利用水力学二维非恒定流计算分析了渭河下游洪水风险性，并划分了洪水风险区。他提出的洪水风险模拟系统反映了洪水演进过程、洪水淹没深度、洪水流速以及洪水流向[27]。1998年石明华利用系统辨识技术，根据实测日径流系列建立了日径流过程的随机模拟模型，由该模型模拟出多组导流工程服务年限中的日径流过程，经统计得出各种风险率下的设计流量与超标洪水发生次数的关系，从而把风险率、施工年限、设计流量和超标洪水发生次数紧密联系起来，为合理选择导流设计流量提供了依据[28]。1999年李国芳认为水利工程经济效益风险分析，就是要分析影响工程费用和效益的各个风险因素及其可能发生的变化，对受各风险因素影响的工程经济效益指标的概率分布做出定量估计。为此他在水利工程项目中各项效益和费用服从正态分布的假设条件下，采用参数解析法和蒙特卡罗法分析了净现值和效益费用比的概率分布曲线[29]。2001 年杨侃以洪水风险分析为基础，采用个别典型洪水放大法，研究了在干流建库和不建库两种情况下，支流防洪库容对防洪区的洪灾风险影响，同时分析对防洪区推迟分洪时间的影响，为水库防洪调度方案的制定提供了科学依据[30]。

1994 年沈佩君以枣庄市水资源系统为实例，研究地面水、地下水及客水等多种水资源的联合优化调度问题，根据该地区及水资源系统的供水特点，建立了包含分区管理调度及统一管理调度模型在内的大系统分解协调模型，以历史长系列资料进行计算，用人工生成系列资料作风险分析，并据此提出地区水利建设对策[31]，这是国内较早将风险分析技术应用于水资源系统分析的实例。1995 年姜文来分析了国内外大型水利工程的环境影响评价(EIA)，指出了大型水利工程 EIA 中存在的问题：方法学尚未完全建立；忽视了水资源的价值；缺少环境风险评价；环境经济评价缺乏可信度，同时指出了大型水利工程 EIA 的发展趋势：信息化；重视大型水利工程的社会及环境评价[32]。1999 年陈小红分析了水质变化过程中的超标风险性，基于随机点过程理论构造了水质超标风险分析的成丛随机点过程复合模型，该理论和方法是非突发性环境风险大小识别的有效途径[33]。邢大韦利用可靠性、风险性、恢复性和易损性等风险指标对关中地区水资源供水工程进行了分析，该项工作也是“九五”攻关的一部分，对于干旱缺水地区水资源风险管理的研究与应用起到了示范作用[34]。2000 年束龙仓对地下水开采中的风险问题进行了研究，在其研究中把风险理解为开采失事的概率[35,36]。阮本清以黄河下游沿黄地区供用水系统为例，针对该地区用水系统与黄河来水的不同步性，建立了水资源系统风险分析模拟模型，采用蒙特卡罗法对黄河下游供用水系统在不同用水规模情况下的缺水风险进行了随机模拟[37]，为确定合适的灌溉面积提供了科学依据。张翔研究了基于可持续理念的水资源管理中风险分析的问题，认为风险分析是可持续水资源管理研究的关键问题之一。可持续水资源管理风险分析具有自然属性与社会属性并重、空间扩展性和时间延伸性、多目标管理的特性，比现行水资源管理有更大的复杂性及受更多的不确定因素的影响。可持续水资源管理风险分析的特征使得随机、模糊和灰色的理论方法比确定性方法更适合于定量评价导致风险存在的不确定性。为了更全面地描述系统的风险特征，有必要引入反弹性、易损性、可靠性等指标。张翔结合可靠性分析给出了深圳东部引水水源工程应用实例，阐述了可持续水资源管理风险分析的必要性和实用性[38]。2001 年梁忠民对南水北调中线工程水源区的可调水量及各供水区的缺水量进行联合模拟研究，并由模拟的长序列进行了供需意义上的供水量风险计算[39]。王道席、朱元甡、侯传河从来水和用水不确定性角度分析黄河下游水量调度风险，对来水采用典型解集方法生成来水系列，对用水根据降雨概率分布生成用水系列，利用随机模拟技术建立了水量调度风险分析模型，给出风险的定量描述[40]，从而使水量调度决策更加符合实际。文献中将风险定义为概率，从风险的含义来看，这种定义不合理。2002 年刘凌在野外实验基地进行的含氮污水灌溉实验工作基础上，分析了污灌过程中氮化合物在土壤及地下水中的迁移转化规律，并采用蒙特卡罗法，依据所建数学模型定量预测了污水灌溉后土壤水及地下水中污染物浓度的时空变化[41]。吴险峰对南水北调西线工程的三个调水方案进行了风险分析[42]，使用的方法与文献[35]类似，采用的风险指标分别是风险指数、损失性测度、恢复性测度。陶涛对区域水资源供需风险分析进行了研究，给出了风险估计的定义，指出它是由风险发生的概率、风险发生的程度以及风险因子之间的关系来决定的，并且分别论述了这三者的意义。他还研究了风险协调系数的定义及特点,并从这两个方面出发全面分析了区域水资源供需方面的风险,在此基础上分析了河北省各市(区)水资源供需风险情况[43]。从以上可以看出,国内对水事活动风险分析的研究目前主要集中在高校和科研院所,尤其是在武汉大学和河海大学。研究的重点是与防洪相关联的工程规划设计运用管理的风险问题。值得一提的是,国内关于水资源系统风险分析、管理方面的书籍很少,所使用的风险分析方法,一种是计算风险事故的概率,另一种是计算风险的几个特征值:可靠性、风险度、可恢复度、损坏度。在文献[38]中给出了风险作为风险率与损失函数的表达式,另外文献[9]中也曾提到洪水风险函数的具体表达式。供水系统风险分析其实多数考虑的是缺水的风险问题,但对采取何种避险措施分析不够。

本次研究拟在前文提出的风险分析概念的基础上,对大范围水资源合理配置方案进行基于风险分析下的决策。

11.3 区域水资源合理配置风险分析的理论和计算方法

11.3.1 基本概念

基于风险分析的决策基本概念已在11.1节中给出,本节结合水资源合理配置方案的优选对其中的风险问题进行分析,并给出具体的计算方法。

水资源优化配置是指:依据可持续发展的需要,通过工程和非工程措施,调节水资源的天然时空分布;开源与节流并重,开发利用与保护治理并重,兼顾当前利益和长远利益,利用系统方法、决策理论和计算机技术,统一地调配当地地表水、地下水、处理后可回用的污水(回用水)、从区域外调入的水(外调水)及微咸水;注重兴利与除弊的结合,协调好各地区及各用水部门间的利益矛盾,尽可能地提高区域整体的用水效率,促进水资源的可持续利用和区域的可持续发展[44]。

水资源合理配置的内容很丰富,但最终都离不开资金的投入,本次研究把不同规划水平年、不同来水保证率下水资源配置措施所对应的货币投资作为各种方案比较的依据,各种风险损失均以货币单位表示。

水资源合理配置方案的优选有多种途径,比如,建立数学规划模型并求其解,建立多属性判别模型并求其解,建立群决策模型并求其解等。这里研究的是基于风险分析的水资源配置方案的优选,即在风险的意义下,备选方案中哪种方案为最佳方案。

水资源配置方案决策中风险问题是什么呢?按照11.1节中风险的定义,风险必然是某项活动所承受的风险,这里的"活动"指一项水资源规划方案的实施。风险损失可以通过一个例子来说明,就海河流域的水资源合理配置而言,某一配水方案的实施必然存在这样的问题:如果规划水平年是丰水年,投资过多可能造成浪费,如果是枯水年,投资过少可能造成缺水损失,这里的浪费与损失都是风险损失,规划水平年来水保证率到底是95%、75%、50%、25%或是其他保证率是不确定的,保证率出现的可能性就是风险概率。通过上述分析容易看出,水资源配置方案决策中的风险问题是客观存在的。

既然存在风险问题,就有风险分析的问题。风险分析包括致灾因子识别、风险概率估计、风险计算。决策是在风险计算的结果上依据一定的决策准则作出的,决策准则的制定也是值得探讨的问题。

11.3.2 风险识别

风险识别是风险分析的第一步[45],其任务是要对风险分析所涉及的风险事件、风险损失和风险概率有一个明确的认识,具体地,就是要找到下面三个问题的答案:①风险决策活动中可能会产生哪些损失?②产生损失的因素是什么?③损失的可能性如何?

常见的风险识别方法有头脑风暴法(Brainstorming)、德尔菲法(Delphi)、幕景分析法(Scenarios Analysis)、故障树分析法(Fault Trees Analysis)等。每种方法各有其适用范围,在实际操作中究竟采用何种方法,应视具体情况而定。由于时间、经费和研究者能力的限制,本次研究采用头脑风暴法。

头脑风暴法是一种通过小组会议形式,使每位与会成员畅所欲言,鼓励大家大胆提出新思想、新观点、新方法,并促使大家讨论、争鸣和交流,以便相互启发,与会人员之间产生更多更好的想法。该法一般适用于问题简单、目标明确的情况。如果决策的问题比较复杂,首先需要对待分析的问题进行分解。

组织头脑风暴会议,一般应注意遵守五项原则:①与会成员的选择与分析决策问题的性质要一致,同时又要注意选择不同特点的专家参加。②参加小组讨论的专家最好是互不相识,会上不公布专家所在的单位、年龄、职称和职务,让每一位与会成员感觉到平等。③要创造自由的、无拘无束的会议环境。④鼓励与会成员对已经提出的想法进行修正和完善,为他们提供优先发言的机会。⑤主持人还应在适当的时候作诱导性发言,尽量启发专家的思维,引导与会成员开展讨论和提出质疑。

通过头脑风暴会议,对海河流域水资源合理配置中的风险问题达成这样的共识:水资源规划方案的实施是一项风险活动,风险损失包括"缺水"造成的经济损失和为避险而花费的投资额。导致这两项损失的直接原因是"缺水"现象的存在及出现的不确定性。缺水量等于需水量减去供水量。虽然通过管理和新技术、新工艺的应用可以在不同程度上抑制水的需求,提高水的利用效率,但在一定的社会、经济、技术水平条件下需水量相对稳定。而供水量除受供水工程规模的影响外,区域内来水量也是重要因素,区域来水包括天然降水和区域外流入区域内的径流量。二者都是不确定的,尤其是天然降水几乎是不可控的。缺水造成的看得见的直接经济损失包括工业损失和农业损失,间接损失有很多,比如生态环境的恶化有可能影响对区域的投资,缺水也会造成人们生活水平的下降等。由于理论方法及资料方面的限制,本次只考虑工、农业的直接损失。本次研究中假定工业缺水损失与农业缺水损失主要是由缺水这个不确定性事件决定的,于是水资源配置中损失变量的概率分布主要由缺水量的概率分布决定,专家们认为区域缺水量的分布确定为正态分布为宜,由此作者认为风险损失变量的概率分布也应定为正态分布。

11.3.3 风险估计

(1)方案拟定。风险估计是针对某一风险活动导致的风险事件进行的,因此风险估计首先要对水资源配置方案的拟定给以说明,设方案个数为 n。

(2)风险损失估计。计算 n 种方案在 m 种状态下的风险损失 l_{ij} $(i=1,2,\cdots,n;j=1,2,\cdots m)$,将其填入表 11-1。

表 11-1 风险损失

方案	自然状态			
	S_1	S_2	…	S_m
方案 1	l_{11}	l_{12}	…	l_{1m}
方案 2	l_{21}	l_{22}	…	l_{2m}
⋮	⋮	⋮	⋮	⋮
方案 n	l_{n1}	l_{n2}	…	l_{nm}

(3)风险损失的概率分布。要求解方案 i 对应风险损失 l_i 的概率分布 $p(l_i)$,只要求出状态 S 的概率分布 $p(S)$,因为 $p(l_i)=p(S)$。

概率分布可由专家们凭经验给出,也可由专家定分布线型,然后通过计算定参数，还可由其他方法计算求得，比如蒙特卡罗方法、最大熵法等。将求得的概率分布列于表 11-2。

表 11-2　损失变量的概率分布

状态	S_1	S_2	…	S_m
概率	p_1	p_2	…	p_m

(4)计算风险。将表 11-1 及表 11-2 的数据代入式(11-1)、式(11-2)，计算结果列于表 11-3。

表 11-3　各方案面临不同自然状态时的风险

方案	自然状态			
	S_1	S_2	…	S_m
	状态概率			
	p_1	p_2	…	p_m
方案 1	r_{11}	r_{12}	…	r_{1m}
方案 2	r_{21}	r_{22}	…	r_{2m}
⋮	⋮	⋮	⋮	⋮
方案 n	r_{n1}	r_{n2}	…	r_{nm}

11.3.4　拟定评价准则，判定方案优劣

风险决策的结果取决于决策者的态度。决策者的态度可分为悲观主义、乐观主义和介于二者之间的折中主义。乐观主义者进行决策时乐于冒大风险去争取可能的最大收益。悲观主义者采取稳扎稳打的方法，从而使得在风险面前损失最小。折中主义者采用折中的办法，使得决策后遭受到的损失在平均意义下最小。从本次研究的问题来讲，海河流域水利规划把南水北调考虑在内，投资额较大，方案实施后对社会经济、生态环境等方面产生的影响较

大,因此宜采用稳妥的态度。任何冒进的行动都有可能给国家和地区造成不可挽回的重大损失,鉴于此,尽管“悲观主义”者的帽子戴起来可能不那么舒服,但它却是我们行动时应该采取的态度。在“风险的风险”未知的情况下,具体计算时采用最小最大原则。

计算每一方案最大可能风险

$$R_i = \max_{1 \leqslant j \leqslant m} \{r_{ij}\}, i = 1,2,\cdots,n \tag{11-3}$$

计算所有方案中最大可能风险的最小者

$$R_{i0} = \min_{1 \leqslant i \leqslant n} \{R_i\} \tag{11-4}$$

显然式(11-3)、式(11-4)可合写为

$$R_{i0} = \min_{1 \leqslant i \leqslant n} \max_{1 \leqslant j \leqslant m} \{r_{ij}\} \tag{11-5}$$

则方案 i_0 即是风险意义下的最佳方案。

11.4 海河流域水资源规划风险分析

海河流域多年平均水资源总量为 372 亿 m³,其中地表水资源量为 220 亿 m³。流域人均总水资源占有量仅有 305m³,远低于人均 1 000m³ 的国际水资源紧缺标准;亩均水资源量为 225m³,水资源的严重短缺大大制约了区域国民经济的发展。不仅如此,海河流域水资源系统存在诸多不确定因素,基于风险分析的水资源合理配置方案优选对于该地区具有重要的现实意义[46]。

11.4.1 方案拟定

参考《全国水利发展第十个五年计划和 2010 年规划》确定海河流域基准投资值,以此为基准拟定出流域的不同投资值,共 9 个投资方案,见表 11-4。第 1 个方案为零投入方案,后文计算损失时,该方案对应的损失实际是以现状供水能力为基础的一次供需平衡下各流域的最大可能缺水损失。从第 2 个方案开始投入依次

增加,第 9 个方案达到流域的最大可能损失值。

表 11-4　海河流域各种方案投资额及比例（单位:亿元）

方案	投资		
	南水北调	其他	合计
方案 1	0	0	0
方案 2	0	100	100.00
方案 3	0	140	140.00
方案 4	0	180	180.00
方案 5	0	220	220.00
方案 6	881.77	100	981.77
方案 7	881.77	140	1 021.77
方案 8	881.77	180	1 061.77
方案 9	881.77	220	1 101.77

注:表中“其他”主要包括节水、当地挖潜和污水治理回用投资。

11.4.2　风险损失估计

(1)工业损失计算方法。工业因缺水造成的风险损失由下式确定

$$V_I = \frac{10\,000W}{W_0} \tag{11-6}$$

式中:V_I 为工业损失值;W 为工业缺水量;W_0 为工业万元产值取水量。

(2)农业损失计算方法。采用对比法计算损失,设农业损失为 V_A,则

$$V_A = \sum_{i=1}^{n} A_i(q_{i_0} - q_i)P_i \tag{11-7}$$

式中：A_i 为第 i 类农作物种植面积；q_i 为第 i 类农作物缺水条件下产量；q_{i_0} 为第 i 类农作物不缺水条件下的产量；P_i 为第 i 类农作物价格；n 为农作物种类数。

海河流域有春小麦、春玉米、冬小麦、夏玉米、棉花、大豆、水稻、谷子、高粱共9种主要农作物。q_i、q_{i_0} 由作物全生育期水分生产函数(二次函数)确定。

(3)不同方案的缺水经济损失。设缺水经济损失为 V，考虑5种来水保证率的情况，则

$$V = V_I + V_A \tag{11-8}$$

计算结果列于表11-5。

表 11-5　海河流域不同总投资方案缺水经济损失　(单位：亿元)

方案	来水保证率				
	$P=5\%$	$P=25\%$	$P=50\%$	$P=75\%$	$P=95\%$
方案1	0	0	2 445.35	3 127.63	4 274.38
方案2	0	0	2 187.85	2 871.98	4 035.74
方案3	0	0	2 076.88	2 762.36	3 933.95
方案4	0	0	1 991.12	2 677.65	3 855.32
方案5	0	0	1 918.86	2 606.27	3 789.11
方案6	0	0	428.79	942.72	1 831.89
方案7	0	0	343.54	858.51	1 746.76
方案8	0	0	277.76	793.54	1 686.26
方案9	0	0	222.44	738.90	1 635.42

(4)不同方案的风险损失。风险损失包括缺水经济损失和恰逢丰水年时投资造成的浪费。由表11-4和表11-5得各方案在各状态下的风险损失，见表11-6。

表 11-6　海河流域不同总投资方案缺水风险损失　（单位：亿元）

方案	来水保证率				
	$P=5\%$	$P=25\%$	$P=50\%$	$P=75\%$	$P=95\%$
方案 1	0	0	2 445.35	3 127.63	4 274.38
方案 2	100.00	100.00	2 287.86	2 971.99	4 135.75
方案 3	140.00	140.00	2 216.89	2 902.38	4 073.96
方案 4	180.00	180.00	2 171.12	2 857.65	4 035.32
方案 5	220.00	220.00	2 138.86	2 826.28	4 009.12
方案 6	981.77	981.77	1 410.56	1 924.48	2 813.66
方案 7	1 021.77	1 021.77	1 365.31	1 880.28	2 768.54
方案 8	1 061.77	1 061.77	1 339.52	1 855.30	2 748.02
方案 9	1 101.77	1 101.77	1 324.22	1 840.67	2 737.19

为了进一步的计算，需要对表 11-6 中的数据进行标准化处理。使用公式(11-9)进行标准化。计算结果列于表 11-7。

$$L_{ij} = \frac{l_{ij} - \min\limits_{\forall i,j}\{l_{ij}\}}{\max\limits_{\forall i,j}\{l_{ij}\} - \min\limits_{\forall i,j}\{l_{ij}\}} \quad i = 1,2,\cdots,n; j = 1,2,\cdots m \tag{11-9}$$

表 11-7　标准化后的风险损失

方案	来水保证率				
	$P=5\%$	$P=25\%$	$P=50\%$	$P=75\%$	$P=95\%$
方案 1	0	0	0.57	0.73	1.00
方案 2	0.02	0.02	0.54	0.70	0.97
方案 3	0.03	0.03	0.52	0.68	0.95
方案 4	0.04	0.04	0.51	0.67	0.94
方案 5	0.05	0.05	0.50	0.66	0.94
方案 6	0.23	0.23	0.33	0.45	0.66
方案 7	0.24	0.24	0.32	0.44	0.65
方案 8	0.25	0.25	0.31	0.43	0.64
方案 9	0.26	0.26	0.31	0.43	0.64

11.4.3 风险损失的概率分布

上文已经指出,各方案在不同自然状态下的风险损失的概率分布与各自然状态出现的概率分布相同。也就是说,表 11-6 中的 9 个方案对应的损失变量的分布与来水保证率的概率分布是等同的。而 5 种保证率的分布近似为正态分布,50% 保证率出现的可能性最大,25%、75% 保证率出现的可能性比 50% 时小,但比 5%、95% 保证率出现的可能性大。表 11-8 给出了来水保证率的概率分布。

表 11-8 来水保证率的概率分布

保证率	$P=5\%$	$P=25\%$	$P=50\%$	$P=75\%$	$P=95\%$
概率	0.1	0.2	0.3	0.2	0.1

11.4.4 风险计算

按式(11-1)、式(11-2)计算不同方案遭遇不同来水保证率时的风险,为了使风险函数体现风险的含义,公式中的参数需要调整,经过细心调算 $c=3$ 时较好,计算结果列于表 11-9。

由式(11-3)、式(11-4)和式(11-5)计算得

$$\min_{1\leqslant i\leqslant n}\ \max_{1\leqslant j\leqslant m}\{r_{ij}\}=0.76=R_9$$

则方案 9 为风险意义下的最佳推荐方案。

表11-9 各方案面临不同来水保证率时的风险

方案	来水保证率				
	$P=5\%$	$P=25\%$	$P=50\%$	$P=75\%$	$P=95\%$
	概率				
	0.1	0.2	0.3	0.2	0.1
方案1	0.10	0.20	1.67	1.80	2.01
方案2	0.11	0.21	1.49	1.61	1.82
方案3	0.11	0.22	1.42	1.53	1.74
方案4	0.11	0.23	1.38	1.49	1.70
方案5	0.12	0.23	1.35	1.45	1.67
方案6	0.20	0.40	0.81	0.77	0.72
方案7	0.20	0.41	0.78	0.75	0.70
方案8	0.21	0.42	0.77	0.74	0.69
方案9	0.22	0.43	0.76	0.73	0.68

11.5 小 结

本章阐述了水相关决策问题中进行风险分析的必要性。综述国内外水资源系统中风险理论及方法应用研究现状,指出了存在的问题。介绍了考虑区域水资源规划情景下作者对风险概念的认识,给出了区域水资源规划风险分析的理论及具体的计算步骤。针对黄淮海流域缺水风险特点及不同的避险方案,应用本书提出的分析方法得到了推荐方案。本次研究成果无论从水资源系统风险分析理论上,还是为国家进行区域水资源规划决策的实践都有重大意义。

参考文献

[1] 何文炯.风险管理[M].大连:东北财经大学出版社,1999.

[2] 特瑞斯·普协切特.风险管理与保险[M].敢祁祥,译.北京:中国社会科学出版社,1990.

[3] 郭仲伟.风险分析与决策[M].北京:机械工业出版社,1997.

[4] 李晓林.风险管理[M].北京:中国财政经济出版社,2001.

[5] 德克斯坦 L,勃兰特 E J.水资源工程可靠性与风险[M].北京:水利电力出版社,1993.

[6] Uir Shamir.水资源管理中的风险与可靠性的理论与实践[J].水文科技信息,1997(增刊):14~22.

[7] Bijaya P.Shareestha.气候变化条件下水资源系统风险分析的不确定性[J].水文科技信息,1997(增刊):120~126.

[8] Kreuzer H.已建坝的风险分析——可信度的优点与局限[J].大坝安全,2000(3).

[9] 朱元甡,等.长江防洪决策支持系统[J].水科学进展,1996,7(4):295~304.

[10] 赵永军,冯平,曲兴辉.河道防洪堤坝水流风险的估算[J].河海大学学报,1998,26(3):71~75.

[11] 张玉芳,粟晓玲.洪水灾害计算机模拟显示系统及应用[J].西北水资源与水工程,1998,9(1):22~27.

[12] 陈小红.珠江三角洲洪水变化及洪水风险与保险[J].热带地理,1999,19(2):117~123.

[13] 万俊,等.白盆珠水库汛期蓄水运用风险分析[J].水电能源科学,2000,18(1):25~27.

[14] 傅湘,王丽萍,纪昌明.洪灾风险评价通用模型系统的研究[J].长江流域资源与环境,2000,9(4):518~524.

[15] 陈守煜.堤防设计洪水风险分析[J].黑龙江水专学报,2001,28(4):1~3.

[16] 傅湘,王丽萍,纪昌明.防洪减灾中的多目标风险决策优化模型[J].水电能源科学,2001,19(1):36~39.

[17] 傅湘,王丽萍,纪昌明.极值统计学在洪灾风险评价中的应用[J].水利学报,2000(7):8～12.
[18] 朱元甡.基于风险分析的防洪研究[J].河海大学学报,2001,4(4):1～8.
[19] 黄振平,等.基于雨洪预报信息的防洪决策风险分析方法研究[J].水科学进展,2001,12(4):499～503.
[20] 程晓陶.论有中国特色的洪水风险管理[J].水利发展研究,2001(1).
[21] 吴湘婷,江京会,苏青.洪水风险管理和洪水资源化浅议[J].人民黄河,2002,24(4):28～29.
[22] 黄振平,朱元甡.降水预测在防洪决策风险分析中的应用[J].河海大学学报,2002,30(3):7～10.
[23] 朱元甡.上海防洪(潮)安全风险分析和管理[J].水利学报,2002(8):21～28.
[24] 谢平,郭生练.气候变化对枫树坝水库水力发电的影响及风险分析[J].人民长江,1994,25(8):23～26.
[25] 冯平,等.水库联合调度下超汛限蓄水的风险效益分析[J].水力发电学报,1995(2):8～16.
[26] 王瑞骏,黄强.小水电站年发电量风险分析[J].西北水资源与水工程,1995,6(3):22～25.
[27] 邢大韦,粟晓玲,张玉芳.渭河下游"二华夹槽"洪灾风险模拟[J].西北水资源与水工程,1997,8(1):1～6.
[28] 石明华,钟登华.施工导流超标洪水风险率估计的水文模拟方法[J].水利学报,1998(3):30～33.
[29] 李国芳.水利工程经济效益风险分析[J].河海大学学报,1999,27(5):34～38.
[30] 杨侃,王鸿杰.支流防洪库容对防洪区的洪灾风险影响研究[J].河海大学学报,2001,29(3):115～118.
[31] 沈佩君,等.多种水资源的联合优化调度[J].水利学报,1994(5):1～8.
[32] 姜文来,曹利军,王华东.大型水利工程 EIA 动态与存在的问题[J].重庆环境科学,1995,7(1):40～44.
[33] 陈小红.珠江三角洲洪水变化及洪水风险与保险[J].热带地理,1999,19(2):117～123.

[34] 邢大韦,等.关中地区水资源工程供水风险性分析[J].西北水资源与水工程,1999,10(1):19~24.

[35] 束龙仓,等.地下水允许开采量确定的风险分析[J].水利学报,2000(3):77~81.

[36] 束龙仓,朱元甡.晋祠泉域地下水开采决策的风险分析[J].河海大学学报,2000,28(6):90~93.

[37] 阮本清,梁瑞驹,陈韶君.一种供用水系统的风险分析与评价方法[J].水利学报,2000(9):1~7.

[38] 张翔,等.可持续水资源管理的风险分析研究[J].武汉水利电力大学学报,2000,33(1):80~83.

[39] 梁忠民.南水北调中线工程供水量风险分析[J].河海大学学报,2001,29(5):49~5.

[40] 王道席,朱元甡,侯传河.黄河下游水量调度风险分析[J].河海大学学报,2001,29(5):71~74.

[41] 刘凌,陆桂华.含氮污水灌溉实验研究及污染风险分析[J].水科学进展,2002,13(3):313~320.

[42] 吴险峰,等.黄河上游南水北调西线工程可调水量及风险分析[J].自然资源学报,2002,17(1):9~15.

[43] 陶涛,傅湘,纪昌明.区域水资源供需风险分析的应用研究[J].武汉大学学报(工学版),2002,35(3):9~12.

[44] 许新宜,王浩,甘泓.华北地区宏观经济水资源规划理论与方法[M].郑州:黄河水利出版社,1997.

[45] 严武,程振源,李海东.风险统计与决策分析[M].北京:经济管理出版社,1999.

[46] 中国水利水电科学研究院.水利与国民经济协调发展研究项目:水资源短缺风险和缺水调控准则定量关系研究[P].专题编号-04-02.2002:78~89.

结　论

水旱灾害一直困扰着人类社会的发展,古今中外人们修建了不少的水利工程,企盼能兴利除害。尽管工程措施起到了一些好的效果,但没有从根本上解决问题,有的甚至事与愿违。随着人们对客观世界认识的不断深入,近年来,人们逐渐认识到水利工程必须配合合理的、有效的管理,解决问题的效果才能更好。

水资源管理涉及到对自然的水资源系统、经济系统和人的管理,管理的内容非常丰富。从空间尺度来看,从全球水资源管理的问题,到跨国河流的管理问题;从一个国家的水资源管理问题,到大江大河的流域管理问题;从省(市、区)以下各行政区域的水资源管理,到小型灌区的水资源管理问题。尽管空间尺度均属宏观尺度,但变化幅度较大。从时间尺度来看,从一小时到上千年,变化范围也很大。从管理的对象来看,有对水量的管理,有对水质的管理;有对地表水的管理,有对地下水的管理;有对城市水的管理,有对农村水的管理;有对水利工程的管理,有对水源的管理,还有对各级水行政部门人的管理。从管理主体来看,有单个主体情况,也有多个主体的情况,而多个主体又分利益一致和利益冲突两种情况。从管理的过程来看,有对规划、开发、配置、利用、保护、回用等供水、用水过程的管理。管理的手段有工程的、法律的、行政的和道德的等。

本书只是对其中的一小部分进行研究,重点内容是区域水资源配置方案的合理性、管理的有效性、节水水平评价决策,目的是建立起一套相对完整的、有理论基础的、行之有效的水资源管理决策的理论和方法。

为此，作者查阅了大量的中外文献，经过近一年半的学习研究，得出以下几点可能属创新性的研究成果。

(1)以可持续理论为依据，以现代系统学、统计学等学科提供的方法为技术手段，建立了集综合评价指标体系构建、指标筛选、协商定权、组合评价、群组决策、风险分析于一体的一整套较为完整的、有可靠科学理论基础的、可以真正应用于实践的水资源管理的评价决策理论和方法。

(2)提出了用于评价指标筛选的量化新观点，即可以使用现代多元统计中的主成分分析方法、因子分析方法和投影寻踪方法实现指标空间从高维到低维空间映射，在保持原空间指标特征的基础上，使得筛选指标表达的信息更清晰，有利于后续的计算。

(3)提出了协商定权和主客观组合定权的观点，特别是给出了解决多维非线性权重模型的混沌优化算法，解决了协商权重不易求解的难点。商定权模型是一类定权过程的模拟模型，与真实情况更加接近。组合权重综合了定权者个人偏好以及数据本身提供的信息，由此得到的权重，其说服力更强。

(4)提出了组合评价的理论方法，并将其应用到区域用水水平的评价中，得到了不错的结果。

(5)成功地将物元可拓理论应用于水资源调配方案的优选问题上，开拓了可拓集理论的应用范围，也为水资源管理决策分析找到了新的途径。

(6)首次提出了水资源管理绩效评价的新理念，并从投入产出的效率出发，构建了基于数据包络分析的线性规划模型。该模型的应用，可为同类型水资源管理部门之间进行管理水平评比提供科学的依据。该法适用于水行业的单个生产部门发现生产中的问题，以便提高本部门的生产效率。它也可用于从投入产出效率的高低的角度，判定水资源配置方案的优劣。

(7)研究了水资源管理决策中的群决策问题，提出了一套具体的解决问题的理论和方法，并在华北地区水资源合理配置方案的选择问题上得到了验证。本书提出的群决策模型贴近实际，方法比较简便，易于在实践中推广应用。

(8)探讨了不确定条件下区域水资源配置方案的决策问题，构建了一种新的反映风险程度的风险函数，新的风险函数具有对风险损失敏感的特性。将风险函数用于不确定决策模型解决实际问题，对海河流域水资源的配置方案进行了评定。

另外在定性指标的标度方面也进行了一些讨论，但没有独立成章。不过，总体上来说，本书的内容既有国家重点科技攻关课题的内容，还有水利部重点科研课题的内容，还有接近于生产性课题的内容，课题中提出的问题都是生产实际中迫切需要解决的，整个研究过程是面向问题的，从而使本书理论和实际结合得比较好。

尽管研究工作取得了一些成效，但作者深深地感觉到在水资源管理多属性决策领域中还有许多问题亟待解决，即便是已有的研究成果也有待更深入的探讨，下面几点也许值得关注：

(1)由于时间和资料的限制，本书提出的一套决策分析理论方法未能在一个完整的流域或区域应用，使用的数据较为散乱，如果研究的对象是一个区域的话，研究成果会显得更有价值。

(2)指标的标度是后续评价决策的基础，尽管在研究绵阳市水资源配置问题中对该问题进行过讨论，但研究不够深入。另一个问题是指标的预处理没有特别提出来，使本书的逻辑关系显得不够紧凑。

(3)本书中讨论的组合权重在后文的综合评价中得到了较好的使用，但协商权重较为欠缺。主客观组合权重的确定方法没有超越文献中提出的观念。如果有时间，可对权重的分布规律进行研究。

(4)组合权重有多种形式，哪种组合形式更适合水资源管理决策，这是值得探讨的问题。另外，分析结果缺乏与世界流行的折中决策方法的对比。文中也没有对决策结果的灵敏性进行分析。

(5)本书的研究是围绕对水资源配置备选方案的选择展开的，水资源管理绩效评价一章却研究了一个不同省(市、区)在供水方面投入产出效率比较的实例，有脱离主题之嫌。当然数据包络分析方法适合于方案的评价，只是未能找到合适的实例，当时对水资源管理绩效进行研究，只是觉得这是水资源管理中一个重要的问题。

(6)对于区域水资源合理配置被评方案生成方法，目前不论是生产性课题还是基础研究课题，采用的办法一般是由数学规划模型给出初始解，利用模拟模型生成用于决策的备选方案集。这种方法仍有可能漏掉一些比较好的方案，建议采用工程可拓理论对该问题进行研究。

(7)对于水资源管理中群决策的研究，可以说仅仅是一个开始，本书中研究的问题也较为简单，因而决策方法也较初级。值得研究的问题很多，比如不确定问题的群决策问题以及决策者处于不同等级的群决策问题。

(8)本书构建的风险函数虽然基本满足要求，但通过该函数的三维图形发现其在定义域中不够光滑，有必要对其进行进一步的研究。

(9)如果能将本书提出的这套理论方法对应的数学模型与流域的社会、经济和水文数据以及流域对应的地理信息系统整合在一起，做成水资源管理决策支持系统，本书的研究成果将更有价值。

以上是本书中存在的问题和不足，也是作者将来需要进一步研究的问题。由于笔者才疏学浅，书中肯定还有不少缺点甚至错误，恳请专家不吝指教。